趙長春 鄭志遠 邢 傑 ◎著

倪澤恩 ◎校閱

大學物理手冊

Handbook of college physics

五南圖書出版公司 印行

　　這是一本極具實用性的物理手冊，其內容包含兩部分。第一部分是常用物理公式總匯；第二部分是物理概念、公式、定律。每部分按照物理學的傳統分類進行，分為力學、熱學、電磁學、光學和近代物理學五部分。涉及的具體條目有定律、定理的含義和表述，物理量的定義和單位，公式表達以及使用時的注意事項。書中的每個條目具有一定的獨立性和完整性，便於讀者查閱。本手冊適合工科及非工科院校的大學生使用。

目　錄

第一部分　公式總匯

第二部分　基本概念和定理

第一篇　力學

第 1 章　質點運動學

第 3 章　熱力學基礎　　141

第 4 章　相變　　155

第三篇　電磁學

第 1 章　電場　　165

第四篇　光學

第 1 章　幾何光學　　207

第 2 章　波動光學　　215

Part *1*

公式總匯

1 力學

位移　質點在Δt時間內的位移為$\Delta \mathbf{r} = \mathbf{r}(t + \Delta t) - \mathbf{r}(t)$。

平均速度　質點在Δt時間內的平均速度為　$\bar{v} = \dfrac{\Delta \mathbf{r}}{\Delta t}$。

瞬時速度　$v = \lim\limits_{\Delta t \to 0} \dfrac{\Delta \mathbf{r}}{\Delta t} = \dfrac{d\mathbf{r}}{dt}$。

速率　$v = |v| = \left| \dfrac{d\mathbf{r}}{dt} \right| = \lim\limits_{\Delta t \to 0} \dfrac{|\Delta \mathbf{r}|}{\Delta t}$ 或 $v = \lim\limits_{\Delta t \to 0} \dfrac{\Delta s}{\Delta t} = \dfrac{ds}{dt}$。

速度與各方向速度分量之間的關係　$v = \dfrac{d\mathbf{r}}{dt} = \dfrac{dx}{dt}\mathbf{i} + \dfrac{dy}{dt}\mathbf{j} + \dfrac{dz}{dt}\mathbf{k} = v_x \mathbf{i} + v_y \mathbf{j}$

$+ v_z \mathbf{k}$，其中v_x, v_y, v_z分別是質點沿x, y, z方向的速度分量。

平均加速度　$\bar{a} = \dfrac{\Delta v}{\Delta t}$。

瞬時加速度　$a = \lim\limits_{\Delta t \to 0} \dfrac{\Delta v}{\Delta t} = \dfrac{dv}{dt} = \dfrac{d^2 \mathbf{r}}{dt^2}$，還可表示為$\mathbf{a} = \dfrac{dv_x}{dt}\mathbf{i} + \dfrac{dv_y}{dt}\mathbf{j} + \dfrac{dv_z}{dt}\mathbf{k}$

$= a_x \mathbf{i} + a_y \mathbf{j} + a_z \mathbf{k}$，其中$a_x, a_y, a_z$分別是質點沿$x, y, z$方向的加速度分量。

勻速直線運動方程　$x = x_0 + vt \Rightarrow s = x - x_0 = vt$。

勻變速直線運動方程　$v = v_0 + at$，

$$x = x_0 + v_0 t + \frac{1}{2}at^2 \Rightarrow s = v_0 t + \frac{1}{2}at^2$$

$$v^2 = v_0^2 + 2as$$

式中，x_0為質點的初始座標，v_0為初始速度，s為t時間內的位移，a為加速度。

自由落體運動方程　$v = gt$（$v_0 = 0$），$y = \dfrac{1}{2}gt^2$。

垂直上拋運動方程　$v = v_0 - gt$，$y = v_0 t - \dfrac{1}{2}gt^2$，式中，$y$ 是質點到原點的位移。

水平拋射運動方程　質點以初速度 v_0 沿水平方向拋出後，僅受重力作用，如圖 1-1 所示，則 t 時刻質點的分速度為

$$v_x = v_0$$

$$v_y = gt$$

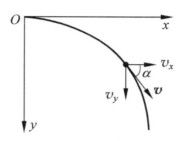

圖 1-1　水平拋射運動

合速度大小 $v = \sqrt{v_x^2 + v_y^2}$，方向 $\tan \alpha = \dfrac{v_y}{v_x}$，其中 α 是速度方向與 x 軸的夾角。而 t 時刻的座標是

$$x = v_0 t$$

$$y = \dfrac{1}{2}gt^2$$

消去上兩式中的 t，可得到質點的軌跡方程

$$y = \dfrac{1}{2}\dfrac{g}{v_0^2}x^2$$

斜拋運動方程　質點以初速度 v_0 與水準方向成 θ 角拋出，僅受重力作用，如圖 1-2 所示，則在水平和垂直兩個軸上的初速度分別是

$$v_{0x} = v_0 \cos \theta$$

$$v_{0y} = v_0 \sin \theta$$

t 時刻質點的分速度為

$$v_x = v_0 \cos \theta$$

$$v_y = v_0 \sin \theta - gt$$

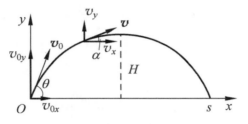

圖 1-2　斜拋運動

合速度大小為 $v = \sqrt{v_x^2 + v_y^2}$，方向 $\tan \alpha = \dfrac{v_y}{v_x}$，其中 α 是速度方向與 x 軸的夾角。而 t 時刻的座標是

$$x = v_0 \cos \theta t$$

$$y = v_0 \sin \theta t - \frac{1}{2}gt^2$$

消去上兩式中的 t，可得到質點運動的軌跡方程式

$$y = \tan \theta \cdot x - \frac{g}{2v_0^2 \cos^2 \theta}x^2$$

由上式可知，其軌跡為拋物線。而質點達到最高點所需的時間是

$$t = \frac{v_0 \sin \theta}{g}$$

質點在 t 時間內到達的最大高度和拋出的最遠距離是

$$H = \frac{v_0^2 \sin^2 \theta}{2g} \ , \ s = \frac{v_0^2 \sin 2\theta}{g}$$

圓周運動

平均角速度 $\quad \overline{\omega} = \dfrac{\Delta \theta}{\Delta t}$。

瞬時角速度 $\quad \omega = \lim\limits_{\Delta t \to 0} \dfrac{\Delta \theta}{\Delta t} = \dfrac{\mathrm{d}\theta}{\mathrm{d}t}$，角速度的大小為 $\omega = \dfrac{\mathrm{d}\theta}{\mathrm{d}t}$，方向：滿足右手螺旋關係，沿著轉 z 的方向，如圖 1-3 所示。

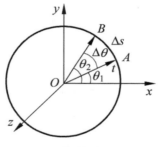

圖 1-3　圓周運動

線速度 $\quad \boldsymbol{v} = \boldsymbol{\omega} \times \boldsymbol{r}$。

平均角加速度 $\quad \overline{\alpha} = \dfrac{\Delta \boldsymbol{\omega}}{\Delta t}$，平均角加速度的方向，就是 $\Delta \boldsymbol{\omega}$ 的方向。

瞬時角加速度 $\quad \alpha = \lim\limits_{\Delta t \to 0} \dfrac{\Delta \boldsymbol{\omega}}{\Delta t} = \dfrac{\mathrm{d}\boldsymbol{\omega}}{\mathrm{d}t}$。

伽利略座標變換（Galilean transformation of coordinates）

$$\begin{cases} x'=x-ut \\ y'=y \\ z'=z \\ t'=t \end{cases} \quad \text{或} \quad \begin{cases} x=x'+ut' \\ y=y' \\ z=z' \\ t=t' \end{cases}。$$

伽利略的速度變換 $v'=v-u$ 或 $v=v'+u$，式中，v 為絕對速度，u 為 S' 座標系相對於 S 座標系的速度，v' 為相對速度。

靜摩擦力 $f_{max}=\mu_0 N$，式中，μ_0 為靜摩擦係數，N 為正向壓力。

動摩擦力 $f_{滑}=\mu N$，式中，μ 為動摩擦係數，N 為正向壓力。

牛頓第二定律 $F=ma=m\dfrac{dv}{dt}$。

在直角座標系下，將質點所受的合力分解到 x, y, z 方向上，這三個方向的運動方程式為

$$F_x=ma_x=m\frac{dv_x}{dt}$$

$$F_y=ma_y=m\frac{dv_y}{dt}$$

$$F_z=ma_z=m\frac{dv_z}{dt}$$

在平面自然座標系下，將質點受的合力在法線方向和切線方向分解，則沿法線方向（用 n 表示）和切線方向（用 t 表示）運動的方程可表示為

$$F_n=ma_n=m\frac{v^2}{\rho}$$

$$F_t=ma_t$$

式中，F_n 為法線方向的合力，F_t 為切線方向的合力；a_n 為法線方向的加速度，a_t 為切線方向的加速度；ρ 為質點所在處曲線的曲率半徑。

牛頓第三定律　$F_{12} = -F_{21}$。

慣性力　$F_{慣} = -ma_0$，式中，a_0 為非慣性座標系相對於慣性座標系的加速度。

科里奧利力（Coriolis force）　在勻速轉動參考系中運動的物體，其所受的慣性力

$$F_C = 2mv' \times \omega = ma_C$$

式中，a_C（$a_C = 2v' \times \omega$）為科里奧利加速度，方向滿足右手螺旋關係。

萬有引力　$F = G\dfrac{m_1 m_2}{r^2}$，式中，$G$ 為引力常數，且 $G = 6.67 \times 10^{-11}$ N · kg^2/m^2，其引力的方向在兩質點的連線上。

電磁力（又稱庫侖力（Coulomb force））　$F = k\dfrac{q_1 q_2}{r^2}$，式中，比例係數 k 在國際單位制中的值為 $k = 9 \times 10^9$ N · m^2/C^2。

功　$\mathrm{d}A = F\mathrm{d}r\cos\theta = F \cdot \mathrm{d}r \Rightarrow A = \displaystyle\int_{r_1}^{r_2} F \cdot \mathrm{d}r$，式中，$\mathrm{d}r$ 為物體發生的位移，θ 為 F 與 $\mathrm{d}r$ 之間的夾角。

功率　$P = \dfrac{\mathrm{d}A}{\mathrm{d}t}$。

判別保守力的三種方法　$\displaystyle\oint_L F \cdot \mathrm{d}r = 0$，

$$F = -\mathrm{grad}\, E_P = -\nabla E_P$$

$$\nabla \times F = 0$$

式中，∇E_P 為質點位能的增量，$\nabla = \dfrac{\partial}{\partial x}i + \dfrac{\partial}{\partial y}j + \dfrac{\partial}{\partial z}k$。

位能差　$A = \displaystyle\int_{r_1}^{r_2} F \cdot \mathrm{d}r = -(E_{p2} - E_{p1})$。

質點的重力位能　$E_p = mgh + C$（C 為常數）。

質點的彈性位能 $E_p = \frac{1}{2}kx^2 + C$。

質點的萬有引力位能 $E_p = -G\frac{m_1 m_2}{r} + C$。

質點的動能 $E_k = \frac{1}{2}mv^2$

質點的機械能 $E = E_k + E_p$。

質點的動能定理 $A_{\text{外力}} = E_{k2} - E_{k1} = \frac{1}{2}mv_2^2 - \frac{1}{2}mv_1^2$。

功能原理 $A_{\text{外力}} = E_2 - E_1$。

動量定理 $\boldsymbol{F} = \dfrac{\mathrm{d}(m\boldsymbol{v})}{\mathrm{d}t} = \dfrac{\mathrm{d}\boldsymbol{p}}{\mathrm{d}t} \Rightarrow \boldsymbol{F}\mathrm{d}t = \mathrm{d}\boldsymbol{p}$，式中，$\boldsymbol{p} = m\boldsymbol{v}$ 稱為質點的動量，$\boldsymbol{F}\mathrm{d}t$ 稱為衝量。

動量守恆定律 當總外力 $\boldsymbol{F}_{\text{外力}} = 0$ 時，$\boldsymbol{p} = $ 恆向量。

力矩 $\boldsymbol{M} = \boldsymbol{r} \times \boldsymbol{F} = \begin{vmatrix} \boldsymbol{i} & \boldsymbol{j} & \boldsymbol{k} \\ x & y & z \\ F_x & F_y & F_z \end{vmatrix} \Rightarrow \begin{cases} M_x = yF_z - zF_y \\ M_y = zF_x - xF_z \\ M_z = xF_y - yF_x \end{cases}$，式中，$\boldsymbol{r}$ 為位置向量，$\boldsymbol{F}$ 為作用於物體的總外力。

角動量 $\boldsymbol{L} = \boldsymbol{r} \times m\boldsymbol{v} = \begin{vmatrix} \boldsymbol{i} & \boldsymbol{j} & \boldsymbol{k} \\ x & y & z \\ mv_x & mv_y & mv_z \end{vmatrix} \Rightarrow \begin{cases} L_x = ymv_z - zmv_y \\ L_y = zmv_x - xmv_z \\ L_z = xmv_y - ymv_x \end{cases}$，

角動量定理 $\quad \boldsymbol{M} = \dfrac{\mathrm{d}\boldsymbol{L}}{\mathrm{d}t} \Rightarrow \begin{cases} M_x = \dfrac{\mathrm{d}L_x}{\mathrm{d}t} \\[2mm] M_y = \dfrac{\mathrm{d}L_y}{\mathrm{d}t} \\[2mm] M_z = \dfrac{\mathrm{d}L_z}{\mathrm{d}t} \end{cases}$,

角動量守恆定律 　在慣性系內（定點或定軸無加速度），當外力矩 $\boldsymbol{M}_{外力}$ $=0$ 時，質點的角動量 $\boldsymbol{L} =$ 恆向量。

質心 　設質點系由 N 個質點組成，其質量分別為 $m_1, m_2, \cdots, m_N$，位置向量分別為 $\boldsymbol{r}_1, \boldsymbol{r}_2, \cdots, \boldsymbol{r}_N$，其質心的位置向量為

$$\boldsymbol{r}_{\mathrm{C}} = \frac{\sum\limits_i m_i \boldsymbol{r}_i}{\sum\limits_i m_i} = \frac{\sum\limits_i m_i \boldsymbol{r}_i}{m} \Rightarrow \begin{cases} x_{\mathrm{C}} = \dfrac{\sum\limits_i m_i x_i}{m} \\[4mm] y_{\mathrm{C}} = \dfrac{\sum\limits_i m_i y_i}{m} \\[4mm] z_{\mathrm{C}} = \dfrac{\sum\limits_i m_i z_i}{m} \end{cases}$$

式中，$m = \sum\limits_i m_i$ 為質點系的總質量。

質點系的動量 $\quad \boldsymbol{p} = \sum\limits_i \boldsymbol{p}_i = \sum\limits_i m_i \boldsymbol{v}_i = m\boldsymbol{v}_{\mathrm{C}}$。

質點系的動量定理 $\quad \boldsymbol{F}_{外} = \dfrac{\mathrm{d}\boldsymbol{p}}{\mathrm{d}t}$。

質點系的動量守恆定律 　當作用於質點系的 $\boldsymbol{F}_{合外力} = 0$ 時，質點系的總動量

$$\boldsymbol{p} = 恆向量。$$

質心運動定理 $\quad \boldsymbol{F}_{外} = m\boldsymbol{a}_{\mathrm{C}}$，式中，$\boldsymbol{a}_{\mathrm{C}}$ 為質點系的質心加速度。

質點系的總角動量　$L = \sum\limits_i r_i \times p_i = \sum\limits_i r_i \times m_i v_i$。

質點系的角動量定理　$M_{外} = \dfrac{\mathrm{d}L}{\mathrm{d}t}$。

質點系的角動量守恆定律　當作用於質點系的 $M_{外} = 0$ 時，質點系的總角動量

$$L = 恆向量$$

剛體的質心位置向量　$r_C = \dfrac{\int r\,\mathrm{d}m}{\int \mathrm{d}m}$，式中，$r$ 為原點到單位質量 $\mathrm{d}m$ 的向量，在直角座標系中，各方向的分量為

$$x_C = \frac{\int x\,\mathrm{d}m}{\int \mathrm{d}m}$$

$$y_C = \frac{\int y\,\mathrm{d}m}{\int \mathrm{d}m}$$

$$z_C = \frac{\int z\,\mathrm{d}m}{\int \mathrm{d}m}$$

轉動慣量　$J = \sum\limits_i m_i r_i^2 \Rightarrow J = \int r^2 \mathrm{d}m$，式中，$r$ 為 $\mathrm{d}m$ 到軸的垂直距離。

平行軸定理　$J_z = J_C + md^2$，式中，J_C 是剛體繞通過質心轉軸的轉動慣量，d 是 z 軸與過質心的平行軸之間的距離。

垂直軸定理　$J_z = J_x + J_y$，式中，J_z 是薄板對垂直於板面 z 軸的轉動慣量，J_x 和 J_y 是薄板對正交的 x 軸和 y 軸的轉動慣量。

剛體的定軸轉動定律　$M = J\alpha$，式中，M 為作用於剛體的力矩，J 為剛體繞 z 軸的轉動慣量，α 是剛體繞 z 軸的角加速度。

剛體的角動量　$L_z = \int rv\mathrm{d}m = \int \omega r^2 \mathrm{d}m = J_z\omega$，式中，$r$ 為 $\mathrm{d}m$ 到軸的垂直距離，v 為線速度，ω 為繞 z 軸的角速度。

剛體的角動量定理　$M = \dfrac{\mathrm{d}L}{\mathrm{d}t}$，式中，$M$ 為作用於剛體的總外力矩。

剛體的角動量守恆定律　當作用於剛體的合外力矩 $M = 0$ 時，剛體的總角動量

$$L = 恆向量$$

剛體的轉動動能　當剛體通過某質心軸並以角速度 ω 作定軸轉動時，其動能為

$$E_k = \frac{1}{2} J_C \omega^2$$

但剛體以角速度 ω 作純滾動時，其動能為

$$E_k = \frac{1}{2} J_C \omega^2 + \frac{1}{2} m v_C^2$$

其中，J_C 為繞同一軸的轉動慣量，m 為剛體的總質量，v_C 為質心速度。

剛體的重力位能　$E_p = mgh_C$，式中，h_C 是剛體的重心，m 為剛體的總質量。

力矩的功　當剛體作定軸轉動時，外力所做的功就稱為力矩做功。即

$$\mathrm{d}A = M\mathrm{d}\theta$$

式中，M 為外力矩，$\mathrm{d}\theta$ 為外力作用下產生的角位移。

剛體的轉動動能定理　當剛體作定軸轉動時，外力矩做的功在數值上等於剛體轉動動能的增量。即

$$A_{外} = \frac{1}{2} J_C \omega_2^2 - \frac{1}{2} J_C \omega_1^2$$

簡諧振動的微分方程 $\dfrac{d^2x}{dt^2} + \omega x = 0$，式中，$\omega = \sqrt{\dfrac{k}{m}}$。

初始條件決定振幅和初始相位：$A = \sqrt{x_0^2 + \dfrac{v_0^2}{\omega^2}}$，$\phi = \arctan\left(-\dfrac{v_0}{\omega x_0}\right)$。

簡諧振動運算式 $x = A\cos(\omega t + \phi)$，式中，$A$ 為振幅，ω 為角速度或圓頻率，ϕ 為初始相位。

單擺週期：$T = 2\pi\sqrt{\dfrac{l}{g}}$（$l$ 為擺長）。

複擺（Compound pendulum）週期：$T = 2\pi\sqrt{\dfrac{J}{mgl}}$（$J$ 為複擺對 O 軸的轉動慣量，l 為複擺的質心 C 到 O 軸的距離）。

彈簧振子週期：$T = 2\pi\sqrt{\dfrac{m}{k}}$（$k$ 為彈簧的彈性係數）。

圓頻率 又稱角頻率，即 $\omega = 2\pi/T = 2\pi\nu$。

振動速度 $v = \dfrac{dx}{dt} = -A\omega\sin(\omega t + \phi)$。

振動加速度 $a = \dfrac{dv}{dt} = \dfrac{d^2x}{dt^2} = -A\omega^2\cos(\omega t + \phi)$。

諧振子的動能 $E_k = \dfrac{1}{2}mv^2 = \dfrac{1}{2}m\omega^2 A^2\sin^2(\omega t + \phi)$。

諧振子的位能 $E_p = \dfrac{1}{2}kx^2 = \dfrac{1}{2}m\omega^2 A^2\cos^2(\omega t + \phi)$。

諧振子的總能量 $E = E_k + E_p = \dfrac{1}{2}m\omega^2 A^2$。

阻尼振動方程 $m\dfrac{d^2x}{dt^2} = -kx - \gamma\dfrac{dx}{dt} \Rightarrow \dfrac{d^2x}{dt^2} + 2\beta\dfrac{dx}{dt} + \omega_0^2 x = 0$，式中，$\omega_0^2 = \dfrac{k}{m}$，$2\beta = \dfrac{\gamma}{m}$（$\omega_0$ 為固有頻率，β 為阻尼係數）。

阻尼振動方程的解：$x = A_0 e^{-\beta t}\cos(\omega t + \phi_0)$（其中 $\omega = \sqrt{\omega_0^2 - \beta^2}$，且滿

足 $\beta < \omega_0$ ）。

　　阻尼振動週期：$T = \dfrac{2\pi}{\omega} = \dfrac{2\pi}{\sqrt{\omega_0^2 - \beta^2}}$ 。

受迫振動（Forced vibration）**方程**　$-kx - \gamma\dfrac{\mathrm{d}x}{\mathrm{d}t} + H\cos\omega t = m\dfrac{\mathrm{d}^2 x}{\mathrm{d}t^2}$ ，驅動力（Driving force）：$F = H\cos\omega t$ ，式中，設 $\omega_0^2 = \dfrac{k}{m}$ ，$2\beta = \dfrac{\gamma}{m}$ ，$h = \dfrac{H}{m}$ ，則上式可寫為

$$\frac{\mathrm{d}^2 x}{\mathrm{d}t^2} + 2\beta\frac{\mathrm{d}x}{\mathrm{d}t} + \omega_0^2 x = h\cos\omega t$$

受迫振動方程的解：$x = A_0\,\mathrm{e}^{-\beta t}\cos\left(\sqrt{\omega_0^2 - \beta^2}\,t + \phi_0\right) + A\cos\left(\omega t + \phi\right)$ 。

受迫振動的振幅和初始相位：$A = \dfrac{H/m}{(\omega_0^2 - \omega^2)^2 + 4\beta^2\omega^2}$ ；$\phi = \arctan\dfrac{-2\beta\omega}{\omega_0^2 - \omega^2}$ 。

兩個同方向同頻率的簡諧振動的合成

　　設兩個同方向的簡諧振動分別為：$x_1 = A_1\cos\left(\omega t + \phi_1\right)$ ，$x_2 = A_2\cos\left(\omega t + \phi_2\right)$ ，其合成運動為

$$x = A\cos\left(\omega t + \phi\right)$$

振動的合成振幅：

$$A = \sqrt{A_1^2 + A_2^2 + 2A_1 A_2\cos(\phi_2 - \phi_1)}$$

振動的合成初相位：

$$\phi = \arctan\frac{A_1\sin\phi_1 + A_2\sin\phi_2}{A_1\cos\phi_1 + A_2\cos\phi_2}$$

　　同相與反相：當兩個振動同相，即 $\Delta\phi = \phi_2 - \phi_1 = 2k\pi$ （$k = 0, \pm 1, \pm 2, \cdots$），則

$$A = \sqrt{A_1^2 + A_2^2 + 2A_1 A_2} = A_1 + A_2$$

上式說明，合成振幅最大，兩個振動相互加強。

當兩個振動反相，即 $\Delta\phi = \phi_2 - \phi_1 = (2k+1)\pi$（$k = 0, \pm 1, \pm 2, \cdots$），則

$$A = \sqrt{A_1^2 + A_2^2 - 2A_1A_2} = |A_1 - A_2|$$

合成振幅最小，兩個振動相互減弱。

兩個同方向不同頻率的簡諧振動的合成

設兩個同方向分振動分別為：$x_1 = A\cos(\omega_1 t + \phi)$，$x_2 = A\cos(\omega_2 t + \phi)$，合成振動的運算式為

$$x = x_1 + x_2 = 2A\cos\left(\frac{\omega_2 - \omega_1}{2}t\right)\cos\left(\frac{\omega_2 + \omega_1}{2}t + \phi\right)$$

合成振幅：$A_合 = 2A\cos\left(\dfrac{\omega_2 - \omega_1}{2}t\right)$，是隨時間相對緩慢變化的量，當 $\omega_2 - \omega_1 \ll \omega_2 + \omega_1$ 時，可近似認為合成振幅是週期性變化的。

兩個相互垂直的同頻率簡諧振動的合成

設兩個相互垂直的分振動分別為：$x = A_1\cos(\omega t + \phi_1)$，$y = A_2\cos(\omega t + \phi_2)$，合成振動的運算式為

$$\frac{x^2}{A_1^2} + \frac{y^2}{A_2^2} - \frac{2xy}{A_1A_2}\cos(\phi_2 - \phi_1) = \sin^2(\phi_2 - \phi_1)。$$

波動方程　$\dfrac{\partial^2 y}{\partial x^2} = \dfrac{1}{u^2}\dfrac{\partial^2 y}{\partial t^2}$（$y$ 為振動位移，u 為波速）。

平面波動方程　$y(x, t) = A\cos(\omega t + \phi \mp kx)$，式中，$\phi$ 為初相位，$k = 2\pi/\lambda$ 稱為波數，$\mp$ 符號中的負號表示平面簡諧波沿 x 軸正向傳播，正號表示平面簡諧波沿 x 軸負向傳播。

球面波動方程　$y(r, t) = \dfrac{A_1}{r}\cos(\omega t - kr)$，式中，$r$ 為點波源到某一波面的距離，或某一時刻波面的半徑。

彈性繩上的橫波速度 $u = \sqrt{\dfrac{T}{\rho_l}}$（$T$ 為繩的張力，ρ_l 是單位長度繩的質量，即線密度）。

固體棒中縱波的傳播速度 $u = \sqrt{\dfrac{E}{\rho}}$（$E$ 為楊氏模量（Young's modulus），ρ 是體密度）。

固體棒中橫波的傳播速度 $u = \sqrt{\dfrac{G}{\rho}}$（$G$ 為切變模量（Shear modulus），ρ 是體密度），一般情況下，因 $G < E$，所以固體中縱波的速度大於橫波的速度。

流體中聲波的傳播速度 $u = \sqrt{\dfrac{K}{\rho_0}}$（$K$ 為體積模量（bulk modulus），ρ_0 是無聲波時的流體密度）。

波的動能 $\Delta E_k = \dfrac{1}{2}\Delta m v^2 = \dfrac{1}{2}\rho\Delta V A^2 \omega^2 \sin^2\left(\omega t + \phi - \dfrac{2\pi}{\lambda}x\right)$。

波的位能 $\Delta E_p = \dfrac{1}{2}E\left(\dfrac{\partial y}{\partial x}\right)^2\Delta V = \dfrac{1}{2}\rho\Delta V A^2 \omega^2 \sin^2\left(\omega t + \phi - \dfrac{2\pi}{\lambda}x\right)$。

波的總能量 $\Delta E = \rho\Delta V A^2 \omega^2 \sin^2\left(\omega t + \phi - \dfrac{2\pi}{\lambda}x\right)$，式中，$\Delta m$ 為介質在體積 ΔV 內的質量，ρ 為密度，E 為楊氏模量。

波的能量密度 $w = \dfrac{\Delta E}{\Delta V} = \rho A^2 \omega^2 \sin^2\left(\omega t + \phi - \dfrac{2\pi}{\lambda}x\right)$。

波的平均能量密度 $\overline{w} = \dfrac{1}{T}\displaystyle\int_0^T w\, dt = \dfrac{1}{2}\rho A^2 \omega^2$。

能流 $P = uSw = uS\rho A^2 \omega^2 \sin^2\left(\omega t + \phi - \dfrac{2\pi}{\lambda}x\right)$。

平均能流 能流 P 和 w 一樣是隨時間週期性地變化的。取其平均值，則通過 S 面的平均能流為

$$\overline{P} = uS\,\overline{w} = \frac{1}{2}uS\rho A^2\omega^2$$

波的強度　$I = \dfrac{\overline{P}}{S} = \overline{w}u = \dfrac{1}{2}\rho\omega^2 A^2 u$。

駐波的運算式　$y = y_1 + y_2 = A_0\cos\left(\omega t - \dfrac{2\pi}{\lambda}x\right) + A_0\cos\left(\omega t + \dfrac{2\pi}{\lambda}x\right)$

$$\Rightarrow y = 2A_0\cos\left(\dfrac{2\pi}{\lambda}x\right)\cos\omega t$$

式中，$\cos\omega t$ 表示簡諧振動，$2A_0\cos\left(\dfrac{2\pi}{\lambda}x\right)$ 表示座標 x 處質點簡諧振動的振幅。

波幅位置的確定：當波幅滿足 $\left|\cos\left(\dfrac{2\pi}{\lambda}x\right)\right| = 1$ 時，即可確定波幅的位置

$$x = k\dfrac{\lambda}{2}\,,\ k = 0,\ \pm 1,\ \pm 2,\ \cdots$$

波節位置的確定：當波幅滿足 $\cos\left(\dfrac{2\pi}{\lambda}x\right) = 0$ 時，波節對應的位置是

$$x = (2k+1)\dfrac{\lambda}{4}\,,\ k = 0,\ \pm 1,\ \pm 2,\ \cdots$$

波在兩端固定弦線中傳播　$L = n\dfrac{\lambda_n}{2}$（$n = 1,\ 2,\ 3,\ \cdots$），$\lambda_n$ 表示與某一 n 值對應的駐波波長。這說明不是任意波長的波都能在此弦線中形成駐波，只有那些波長滿足 $\lambda_n = 2L/n$ 的波才能在具有一定張力 F 弦線上形成駐波。其頻率為

$$v_n = n\dfrac{u}{2L}\,,\ n = 0,\ 1,\ 2,\ \cdots$$

聲強級（Sound intensity level）：$L = \lg\dfrac{I}{I_0}$，式中，$I_0 = 10^{-12}\mathrm{W\cdot m^{-2}}$，$L$ 稱為聲強 I 的聲強級，單位為 B（貝〔爾〕Bell）。通常採用貝〔爾〕的 1/10 為單位 dB（分貝），1B＝10dB。此時的聲強級為

$$L = 10\lg \frac{I}{I_0}\ (\text{dB})$$

波源和接收器相對於介質分別以速度 v_S 和 v_R 同時運動　若波源和接收器相向運動（$v_S < u$），設 v_S 為波源的振動頻率，從而可得到接收器接收到的頻率為

$$v_R = \frac{u + v_R}{u - v_S} v_S \text{。}$$

同理，當波源和接收器彼此離開時，接收器接收的頻率 v_R 為

$$v_R = \frac{u - v_R}{u + v_S} v_S$$

時鐘延緩　$\Delta t = \dfrac{\Delta t'}{\sqrt{1 - \dfrac{u^2}{c^2}}}$，式中，$\Delta t'$ 是觀察者站在 S' 系中看到同一地

點發生的兩事件的時間間隔，Δt 是觀察者站在 S 系中看到上述兩事件的時間間隔。

長度收縮（Length contraction）　L 比 L_0 要短，這種出現長度變化的現象，稱為長度收縮。即

$$L = L_0 \sqrt{1 - \frac{u^2}{c^2}}$$

式中，L_0 是觀察者看到細棒的靜長，L 是觀察者看到細棒的動長。

洛倫茲變換（Lorentz transformation）　$x' = \dfrac{x - ut}{\sqrt{1 - \dfrac{u^2}{c^2}}}$，$y' = y$，$z' = z$，

$$t' = \frac{t - \dfrac{u}{c^2} x}{\sqrt{1 - \dfrac{u^2}{c^2}}} \text{。}$$

相對論速度變換公式 設 v_x, v_y, v_z 為物體相對 S 慣性系的速度，S' 系相對 S 系沿 x 方向以速度 u 運動，則速度變化關係為

$$v_x' = \frac{v_x - u}{1 - \frac{uv_x}{c^2}} \ , \ v_y' = \frac{v_y}{1 - \frac{uv_x}{c^2}} \sqrt{1 - \frac{u^2}{c^2}} \ , \ v_z' = \frac{v_z}{1 - \frac{uv_x}{c^2}} \sqrt{1 - \frac{u^2}{c^2}}$$

相對論質量 $m = \dfrac{m_0}{\sqrt{1 - \dfrac{v^2}{c^2}}}$，式中，$m_0$ 表示靜止質量，m 表示運動質量，v 表示物體的運動速度。

相對論動量 $p = mv = \dfrac{m_0}{\sqrt{1 - \dfrac{v^2}{c^2}}} v$。

相對論能量 $E = mc^2 = E_k + m_0 c^2$（$E_0 = m_0 c^2$ 表示物體處於靜止狀態時所具有的能量）。

動量和能量的關係 $E^2 = p^2 c^2 + m_0^2 c^4$。

相對論動量和能量的變換式 $p_x' = \gamma \left(p_x - \dfrac{\beta E}{c} \right)$，$p_y' = p_y$，$p_z' = p_z$，

$E' = \gamma (E - \beta c p_x)$，式中，$\beta = \dfrac{u}{c}$，$\gamma = \dfrac{1}{\sqrt{1 - \beta^2}}$。

相對論力的變換式 $F_x = \dfrac{F_x' + \dfrac{\beta}{c} \boldsymbol{F'} \cdot \boldsymbol{v'}}{1 + \dfrac{\beta}{c} v_x'}$，$F_x = \dfrac{F_y'}{\gamma \left(1 + \dfrac{\beta}{c} v_x' \right)}$，$F_z = \dfrac{F_z'}{\gamma \left(1 + \dfrac{\beta}{c} v_x' \right)}$。

II 熱學

攝氏溫標與絕對溫度 T 的換算關係 $\quad t = T - 273.15$。

華氏溫標與攝氏溫標 t 的換算關係 $\quad t_F = 32.0 + \dfrac{9}{5} t$。

理想氣體溫標 $\quad T = 273.16 \dfrac{pV}{p_{tr}V_{tr}} \mathrm{K}$。

定壓氣體溫標 $\quad$ 當氣體壓力 p 恆定時，$T = 273.16 \lim\limits_{p \to 0} \dfrac{V}{V_{tr}} \mathrm{K}$。

定容氣體溫標 $\quad$ 當氣體體積 V 恆定時，$T = 273.16 \lim\limits_{p_{tr} \to 0} \dfrac{p}{p_{tr}} \mathrm{K}$。

理想氣體狀態方程式 $\quad \dfrac{pV}{T} = C$（C 為常數）或 $pV = \dfrac{M}{\mu} RT$（或 $pV = vRT$），式中，M, v 和 μ 分別是氣體的質量、物質的莫耳數（mole）和分子量，R 為理想氣體常數。

混合理想氣體狀態方程式 $\quad$ 設混合理想氣體中包含 n 個成分的氣體，它們的質量分別為 $M_1, M_2, \cdots, M_n$，分子量分別為 $\mu_1, \mu_2, \cdots, \mu_n$，那麼這個系統在平衡態下，總體積 V，壓力 p 和溫度 T 之間的關係為

$$pV = \left(\dfrac{M_1}{\mu_1} + \dfrac{M_2}{\mu_2} + \cdots + \dfrac{M_n}{\mu_n} \right) + RT$$

$$pV = (v_1 + v_2 + \cdots + v_n)RT = vRT$$

v 為混合氣體的總物質的量。上式為混合理想氣體的狀態方程式。

氣體分子的平均平動動能 $\quad \bar{\varepsilon}_t = \dfrac{1}{2} m \overline{v^2}$。

理想氣體的壓力公式 $p=\frac{1}{3}mn\overline{v^2}=\frac{2}{3}n\overline{\varepsilon}_t$，式中，$m$ 為氣體分子的質量，n 為單位體積內的分子數，$\overline{v^2}$ 為氣體分子的平方平均速度。

溫度公式 $\overline{\varepsilon}_t=\frac{3}{2}kT$。

道爾頓分壓定律（Dalton's law） 混合氣體的壓力等於各成分氣體的分壓力之和。即

$$p=p_1+p_2+\cdots+p_n$$

氣體分子速率分佈律 當氣體處於平衡態時，分佈於速率 v 附近單位速率區間（$v\sim v+\mathrm{d}v$）內的分子數占總分子數的百分比（或比率），即

$$\frac{\mathrm{d}N}{N\mathrm{d}v}=f(v)$$

式中，N 為氣體分子總數。

馬克士威速率分佈律（Maxwell distribution law of velocity） 平衡態下，氣體分子速率在 v 到 $v+\mathrm{d}v$ 速率區間內的分子數占總分子數的百分比，或者說分子處於此 $\mathrm{d}v$ 區間的機率為

$$\frac{\mathrm{d}N_v}{N}=f(v)\mathrm{d}v=4\pi\left(\frac{m}{2\pi kT}\right)^{3/2}v^2\mathrm{e}^{-\frac{mv^2}{2kT}}\mathrm{d}v$$

歸一化條件 $\int_0^\infty f(v)\mathrm{d}v=1$。

三種特殊速率

最可能速率（或最概然速率）（Most probable speed）：$v_\mathrm{p}=\sqrt{\frac{2kT}{m}}=\sqrt{\frac{2RT}{\mu}}\approx 1.41\sqrt{\frac{RT}{\mu}}$。

分子的平均速率：$\overline{v}=\sqrt{\frac{8kT}{\pi m}}=\sqrt{\frac{8RT}{\pi\mu}}=1.6\sqrt{\frac{RT}{\mu}}$。

分子的方均根速率（Root mean square speed）：$\sqrt{\overline{v^2}} = \sqrt{\dfrac{3kT}{m}} = \sqrt{\dfrac{3RT}{\mu}}$ $= 1.73\sqrt{\dfrac{RT}{\mu}}$，式中，$m$ 為分子的質量，μ 為氣體的分子量，T 為氣體的溫度。

馬克士威速度分佈律 $\dfrac{dN_v}{N} = g(v)\,dv = \left(\dfrac{m}{2\pi kT}\right)^{3/2} e^{-\frac{mv^2}{2kT}}dv$，式中，$g(v)$ 為速度分佈函數。

波茲曼分佈律（Boltzmann's distribution law） $n = n_0\,e^{-E_p/kT}$，式中，E_p 表示分子的位能，n_0 表示分子位能 $E_p = 0$ 處單位體積內所包含的各種速率的分子數，T 為氣體的溫度，$n = \dfrac{dN}{dxdydz}$ 表示分佈於座標空間（$x \sim x + dx$、$y \sim y + dy$、$z \sim z + dz$）內單位體積的分子數。

重力場中氣體分子按高度的分佈 $n = n_0\,e^{-mgh/kT}$，當 $E_p = mgh$ 時，取地面（$h = 0$）的重力位能為 0，單位體積內的分子數為 n_0，n 為距離地面高度為 h 時單位體積內的分子數。

等溫氣壓公式 $p = p_0\,e^{-mgh/kT}$，式中，p_0 為地面（$h = 0$）的大氣壓，p 為 h 高度處的大氣壓。

分子的平均自由程 $\overline{\lambda} = \dfrac{1}{\sqrt{2}\pi d^2 n}$，式中，$d$ 表示分子的有效直徑，n 表示單位體積內的分子數。

分子的平均碰撞頻率 $\overline{Z} = \sqrt{2}\pi d^2 \overline{v} n$。

凡得瓦方程式（Van der Waals equation） $\left(p + \dfrac{a}{v^2}\right)(v - b) = RT$。

對於質量為 M、分子量為 μ（或 $v = M/\mu$ mol）的實際氣體，其凡得瓦方

程式為

$$\left(p+\frac{M^2}{\mu^2}\frac{a}{v^2}\right)\left(V-\frac{M}{\mu}b\right)=\frac{M}{\mu}RT$$

式中，v 為 1 mol 氣體的體積，$V=vv$，a、b 為凡得瓦常數（Van der Waals constant）。

黏滯係數（Coefficient of viscosity） $\eta=\frac{1}{3}\rho\,\bar{v}\bar{\lambda}$，式中，$\rho$ 為氣體的密度，$\bar{v}$ 為氣體分子熱運動的平均速率，$\bar{\lambda}$ 為氣體分子的平均自由徑（Mean free path）。

熱傳導係數 $\kappa=\frac{1}{3}\rho\,\bar{v}\bar{\lambda}\,C_V$，式中，$C_V$ 為氣體的定容比熱。

擴散現象 $D=\frac{1}{3}\bar{v}\bar{\lambda}$。

熱力學第一定律 在任一熱力學過程中，一個封閉系統從外界所吸收的熱量 Q，在數值上等於該過程中系統內能的增量 ΔE 及系統對外界做功之和。其數學運算式為

$$Q=(E_2-E_1)+A$$

內能（Internal energy） $E=E(T,V)$。

熱功當量（Heat equivalent of work） 1 cal = 4.186 J。

熱容 $C=\frac{dQ}{dT}$，式中，dQ 表示系統溫度升高 dT 時，系統從外界吸取的熱量，單位是 J/K。

莫耳熱容（Molar heat capacity）：$C_m=\frac{1}{v}\frac{dQ}{dT}$（$v$ 為物質的量）。

定容莫耳熱容（Molar heat capacity at constant volume）：$C_{V,m}=$

$\frac{1}{v}\left(\frac{\mathrm{d}Q}{\mathrm{d}T}\right)_V$。

定壓莫耳熱容（Molar heat capacity under constant pressure）：$C_{p,\mathrm{m}}=$ $\frac{1}{v}\left(\frac{\mathrm{d}Q}{\mathrm{d}T}\right)_p$。

梅爾公式（Mayer formula）：$C_{p,\mathrm{m}}=C_{V,\mathrm{m}}+R$。

比熱：$C_M=\frac{1}{M}\frac{\mathrm{d}Q}{\mathrm{d}T}$（$M$ 為系統的總質量）。

等容過程（Isochoric process）方程和能量轉化

$$\frac{p_1}{T_1}=\frac{p_2}{T_2}，Q=E_2-E_1=vC_{V,\mathrm{m}}\,(T_2-T_1)$$

等壓過程（Isobaric process）方程和能量轉化

$$\frac{V_1}{T_1}=\frac{V_2}{T_2}，Q=E_2-E_1+A=vC_{p,\mathrm{m}}\,(T_2-T_1)$$

等溫過程（Isothermal process）方程和能量轉化 $p_1V_1=p_2V_2$，$Q=A=$ $vRT\ln(V_2/V_1)$。

絕熱過程（Adiabatic process）方程和能量轉化

$$pV^\gamma=C，A=-(E_2-E_1)=vC_{V,\mathrm{m}}\,(T_1-T_2)=\frac{1}{\gamma-1}\cdot(p_1V_1-p_2V_2)，$$

式中，C 為常數，$\gamma=C_{p,\mathrm{m}}/C_{V,\mathrm{m}}$。

多變過程（Polytropic process）方程 $pV^n=C$（C 為常數），式中，n 為多變指數，且 $1<n<\gamma$。

熱機（Heat engine）循環效率（Cycle efficiency）

$$\eta=\frac{A}{Q_1}=\frac{Q_1-Q_2}{Q_1}=1-\frac{Q_2}{Q_1}。$$

卡諾（Carnot）熱機循環效率　$\eta_C = 1 - \dfrac{T_2}{T_1}$。

奧托（Otto）循環效率　$\eta = 1 - \dfrac{1}{\varepsilon^{\gamma-1}}$，式中，$\varepsilon = V_1/V_2$ 是絕熱壓縮比（Adiabatic compression ratio），$\gamma = C_{p,\mathrm{m}}/C_{V,\mathrm{m}}$。

狄塞爾（Diesel）循環效率　$\eta = 1 - \dfrac{1}{\gamma} \cdot \dfrac{1}{\varepsilon^{\gamma-1}} \cdot \dfrac{\rho^\gamma - 1}{\rho - 1}$，式中，$\varepsilon = V_1/V_2$ 是絕熱壓縮比，$\rho = V_3/V_2$ 是定壓膨脹比，$\gamma = c_{p,\mathrm{m}}/c_{V,\mathrm{m}}$。

致冷係數（Refrigeratory coefficients）　$w = \dfrac{Q_2}{A'} = \dfrac{Q_2}{Q_1 - Q_2}$。

卡諾致冷係數（Carnot refrigeratory coefficients）　$w_C = \dfrac{T_2}{T_1 - T_2}$。

波茲曼（Boltzmann）熵公式　$S = k\ln\Omega$，式中，Ω 是熱力學機率，k 是波茲曼常數。

熵增加原理　在絕熱或孤立系統中所進行的自然過程，總是沿著熵增大的方向進行，它是不可逆的，即

$$\Delta S > 0$$

克勞修斯（Clausius）熵公式　系統熵的增量等於初末狀態之間的任意一個可逆過程中的熱溫比 $\mathrm{d}Q/T$ 的積分，即

$$\Delta S = S_B - S_A = \int_A^B \frac{\mathrm{d}Q}{T}$$

相變潛熱（Phase change latent heat）　$L = (u_2 - u_1) + p\,(v_2 - v_1) = h_2 - h_1$，式中，$u_1, u_2$ 分別表示 1 相和 2 相單位質量的內能，v_1, v_2 分別表示 1 相和 2 相單位質量的體積，h_1、h_2 分別表示 1 相和 2 相單位質量的焓。

克拉伯龍方程（Clapyron equation）　即理想氣體定律，$\dfrac{dp}{dT} = \dfrac{L}{T(v_2 - v_1)}$，式中，$L$ 為單位質量的相變潛熱，v_1, v_2 分別表示 1 相和 2 相單位質量的體積。

III 電磁學

庫侖定律（Coulomb's law）　$F_{12} = k\dfrac{q_1 q_2}{r^2} e_{r_{21}}$，其中，$q_1$ 與 q_2 分別代表兩個點電荷的電量，k 為比例常數，$k = \dfrac{1}{4\pi\varepsilon_0} = 8.99 \times 10^9\, \mathrm{N \cdot m^2/C^2}$，$\varepsilon_0$ 為真空介電常數。

電場強度　$E = F/q_0$，F 是檢驗電荷（Test charge）q_0 在電場中所受的力，電場強度的單位是 N/C。

場強疊加原理（Superposition principle）　點電荷系 q_1, q_2, $\cdots$, q_n 在某點產生的場強，等於每一個電荷單獨存在時在該點分別產生的場強的向量和，即

$$E = \sum_{i=1}^{n} E_i$$

體電荷密度　$\rho = \dfrac{\mathrm{d}q}{\mathrm{d}V}$。

面電荷密度　$\sigma = \dfrac{\mathrm{d}q}{\mathrm{d}S}$。

線電荷密度　$\lambda = \dfrac{\mathrm{d}q}{\mathrm{d}l}$。

幾種常用電荷分佈的場強公式

點電荷 q 在距它 r 處的場強：$E = \dfrac{q}{4\pi\varepsilon_0 r^2} e_r$，式中，$r$ 為場點的位置向量的大小，e_r 是沿位置向量方向的單位向量。

電偶極子（電偶矩為 p）在軸線上一點的場強：$E = \dfrac{2p}{4\pi\varepsilon_0 r^3}$，式中，$p = ql$，$l$：$-q \rightarrow +q$，$r$ 是正負電荷中心到場點的距離。

電偶極子（Electric dipole）（電偶矩（Electric dipole moment）為 p）在中垂線上一點的場強：$E = -\dfrac{p}{4\pi\varepsilon_0 r^3}$，式中，$r$ 是正負電荷中心沿中垂線到場點的距離。

體電荷 $\rho \mathrm{d}V$，面電荷 $\sigma \mathrm{d}S$，線電荷 $\lambda \mathrm{d}l$ 產生的場強分別為

$$E = \frac{1}{4\pi\varepsilon_0} \iiint \frac{\rho \mathrm{d}V}{r^2} e_r \ , \ E = \frac{1}{4\pi\varepsilon_0} \iint \frac{\sigma \mathrm{d}s}{r^2} e_r \ , \ E = \frac{1}{4\pi\varepsilon_0} \int \frac{\lambda \mathrm{d}l}{r^2} e_r$$

高斯定理（Gauss theorem）　$\oiint_S E \cdot \mathrm{d}S = \dfrac{1}{\varepsilon_0} \sum\limits_{i=1}^{n} q_i$，式中，$E$ 為電場強度，$\mathrm{d}S$ 為面元向量（Vector of surface element），S 為任意閉合曲面，Σq_i 為閉合曲面內所包含的電荷。它的微分形式為 $\nabla \cdot E = \dfrac{\rho}{\varepsilon_0}$。

靜電場的環流定律（Loop law）　$\oint_L E \cdot \mathrm{d}L = 0$，式中，$L$ 為任意封閉曲線，E 為靜電場中的任意一點場強。

點電荷的電位能　$U = -\displaystyle\int_{\infty}^{r} E \cdot \mathrm{d}l$。電位能的單位是伏特，用符號 U 表示。

電場強度與電位能的微分關係

$$E = -\mathrm{grad}\, U = -\nabla U = -\left(\frac{\partial U}{\partial x} i + \frac{\partial U}{\partial y} j + \frac{\partial U}{\partial z} k \right).$$

電位能　$W_a - W_b = q_0 \displaystyle\int_a^b E \cdot \mathrm{d}l$，式中，$W_a, W_b$ 分別是 a, b 兩點所具有的電位能。

電偶極子在外電場中的電位能　$W = -P \cdot E$。

電荷系的靜電能　$W = \dfrac{1}{2} \sum\limits_{i=1}^{n} q_i U_i$ 或 $W = \dfrac{1}{2} \int_q U \mathrm{d}q$。

電位疊加原理　$U = U_1 + U_2 + U_3 + \cdots + U_n = \sum\limits_{i=1}^{n} U_i$，式中，$U_1,\ U_2,\ \cdots,\ U_n$ 分別是各個點電荷在場中單獨存在時所具有的電位。

體電荷、面電荷、線電荷產生的電位分別為

$$U = \frac{1}{4\pi\varepsilon_0} \int_V \frac{\rho\mathrm{d}V}{r},\ U = \frac{1}{4\pi\varepsilon_0} \int_S \frac{\sigma\mathrm{d}S}{r},\ U = \frac{1}{4\pi\varepsilon_0} \int \frac{\lambda\mathrm{d}l}{r}$$

式中，ρ, σ, λ 分別為體、面、線電荷密度，$\mathrm{d}V, \mathrm{d}S, \mathrm{d}l$ 分別是體積元（Volumn element）、面積元（Surface element）和線段元（Line element）。

電場力做功　$A_{12} = q\,(U_1 - U_2) = W_1 - W_2$。

靜電場的能量　$W = \int_V w_e\,\mathrm{d}V$，式中，$w_e$ 為電場能量體密度，在真空中，$w_e = \dfrac{1}{2}\varepsilon_0 E^2$。

真空中的靜電場方程　$\nabla \cdot \boldsymbol{E} = \rho/\varepsilon_0$，$\nabla \times \boldsymbol{E} = 0$。

導體面電荷與場強的關係　$\boldsymbol{E} = \dfrac{\sigma}{\varepsilon_0} \boldsymbol{n}_0$，式中，$\sigma$ 表示面電荷密度，n_0 表示導體表面的單位外法線向量。

電容器的電容　$C = \dfrac{Q}{U}$，式中，Q 表示電容器每一極板上所帶的電量 Q，U 表示兩極板間的電位能差。

平行板電容器的電容：$C = \dfrac{\varepsilon_0\,\varepsilon_r\,S}{d}$，式中，$S$ 為平行板電容器每一極板的面積，d 為兩板間的距離，ε_0 為真空介電常數，ε_r 為相對介電常數。

柱形電容器的電容：$C = \dfrac{2\pi\varepsilon_0 l}{\ln(R_2/R_1)}$，式中，$R_1,\ R_2$ 分別為內外柱面的半

徑，l為長度。

球形電容器的電容：$C = \dfrac{4\pi\varepsilon_0 R_1 R_2}{R_2 - R_1}$，式中，$R_1, R_2$分別表示同心金屬球殼的內、外半徑。

電容的串聯　$\dfrac{1}{C} = \sum\limits_{i=1}^{n} \dfrac{1}{C_i}$。

電容的並聯　$C = \sum\limits_{i=1}^{n} C_i$。

電容器的電能　$W = \dfrac{1}{2}CU^2$，或者寫成$W = \dfrac{1}{2}QU = \dfrac{1}{2C}Q^2$。

電極化強度　$\boldsymbol{P} = \lim\limits_{\Delta V \to 0} \dfrac{\sum\limits_i \boldsymbol{p}_i}{\Delta V}$，式中，$\sum\limits_i \boldsymbol{p}_i$為$\Delta V$內的電偶極矩之和。對於各向同性介質，其電極化強度為

$$\boldsymbol{P} = \varepsilon_0 (\varepsilon_r - 1) \boldsymbol{E} = \varepsilon_0 \chi_e \boldsymbol{E}。$$

式中，ε_0是真空介電常數（Permittivity of free space）或稱為絕對介電常數（Absolute dielectric constant 或 Absolute permittivity），$\varepsilon_r = \varepsilon/\varepsilon_0$是相對介電常數（Relative dielectric constant 或 Relative permittivity），χ_e稱為電極化率（Electric susceptibility）或極化係數（Polarization coefficient），如果介質均勻（Homogeneous）。

電位移向量（Electric displacement vector）　$\boldsymbol{D} = \varepsilon_0 \boldsymbol{E} + \boldsymbol{P} = \varepsilon \boldsymbol{E}$，式中，$\varepsilon$稱為物質的介電常數（Dielectric constant 或 Permittivity），ε_0為真空介電常數。

介質中的高斯定理（Gauss theorem）　$\oint_S \boldsymbol{D} \cdot \mathrm{d}\boldsymbol{S} = \sum\limits_i q_i$。

電介質中電場的能量密度　$w_e = \dfrac{1}{2}\varepsilon_0\varepsilon_r E^2 = \dfrac{1}{2}\boldsymbol{D} \cdot \boldsymbol{E}$。

電流強度 $I = \lim\limits_{\Delta t \to 0} \dfrac{\Delta q}{\Delta t} = \dfrac{dq}{dt}$，式中，$\Delta q$ 為 Δt 時間內通過導體某一橫截面的電量。

電流密度 $\boldsymbol{J} = \dfrac{d\boldsymbol{I}}{dS}\boldsymbol{n}_0$，或 $\boldsymbol{J} = nq\boldsymbol{v}$，式中，$\boldsymbol{n}_0$ 為面元的單位法向量。

電流的連續方程式（Continuity equation） $\oint_S \boldsymbol{J} \cdot d\boldsymbol{S} = -\dfrac{dq_{in}}{dt}$，它的微分形式為 $\nabla \cdot \boldsymbol{J} = -\dfrac{\partial \rho}{\partial t}$，$\rho$ 是體電荷密度。

穩恆電流 $\oint_S \boldsymbol{J} \cdot d\boldsymbol{S} = 0$，$\nabla \cdot \boldsymbol{J} = 0$。

歐姆定律（Ohm's law） $U = IR$ 或 $\boldsymbol{J} = \sigma\boldsymbol{E}$（微分形式）。

電阻 $R = \rho\dfrac{l}{S}$。式中，ρ 為電阻率，l 為導體的長度，S 為導體的橫截面積。

電導率 $\sigma = \dfrac{1}{\rho}$。

電功率 $P = IV$。

焦耳定律（Joule's law） $Q = I^2Rt = \dfrac{V^2}{R}t = IVt$。

電動勢 $\varepsilon = \dfrac{A_{ne}}{q} = \oint_L \boldsymbol{E}_{ne} \cdot d\boldsymbol{r}$，式中，$\boldsymbol{E}_{ne}$ 為非靜電場。

克希何夫第一定律（Kirchhoff's first law） $\sum\limits_i I_i = 0$，式中，I_i 為流向或流出某一節點的電流。

克希何夫第二定律（Kirchhoff's second law） $\sum\limits_i (\mp \varepsilon_i) + \sum (\pm I_i R_i) = 0$。

必歐-沙伐定律（Biot-Savart Law） $d\boldsymbol{B} = \dfrac{\mu_0}{4\pi}\dfrac{I d\boldsymbol{l} \times \boldsymbol{e}_r}{r^2}$，式中，$d\boldsymbol{B}$ 為任一電流元 $I d\boldsymbol{l}$ 在空間某點處產生的磁感應強度，$\mu_0 = 4\pi \times 10^{-7}$ H/m 為真空

磁導率，r 為場點到電流元（Current element）的距離。

直電流所產生的磁場　　$B = \dfrac{\mu_0}{4\pi} \dfrac{I}{r_0}(\cos\theta_1 - \cos\theta_2)$，式中，$I$ 為直導線中的電流，r_0 為場點 P 導線距離，θ_1 與 θ_2 是直電流的方向與直電流始端和末端到 P 點處的位置向量 r 之間的夾角。

對於無限長載流導線在離它 r_0 處的磁場為：$B = \dfrac{\mu_0 I}{2\pi r_0}$。

運動電荷的磁場：$B = \dfrac{\mu_0}{4\pi} \dfrac{q\boldsymbol{v} \times \boldsymbol{e}_r}{r^2}$。

圓電流在軸線上產生的磁場　　$B = \dfrac{\mu_0 I R^2}{2(R^2 + d^2)^{3/2}}$，式中，圓環半徑為 R，電流強度為 I，軸線上一點到圓電流中心的距離為 d。

螺線管軸線上的磁場　　$B = \dfrac{1}{2}\mu_0 nI(\cos\beta_1 - \cos\beta_2)$，式中，$n$ 為密繞螺線管單位長度上的匝數，I 為每匝中的電流強度。β_1 與 β_2 為軸線分別與螺線管兩端所成的夾角。

無限長螺線管的磁場：$B = \mu_0 nI$。

一端有限，一端無限螺線管在軸線上的磁場：$B = \dfrac{1}{2}\mu_0 nI$。

安培環路定理　　$\oint_L \boldsymbol{B} \cdot \mathrm{d}\boldsymbol{r} = \mu_0 \sum_i I_i$。

與變化電場相聯繫的磁場　　$\oint_L \boldsymbol{B} \cdot \mathrm{d}\boldsymbol{r} = \mu_0 \varepsilon_0 \dfrac{\mathrm{d}}{\mathrm{d}t} \int \boldsymbol{E} \cdot \mathrm{d}\boldsymbol{S}$。

位移電流（Displacement current）：$I_d = \varepsilon_0 \dfrac{\mathrm{d}}{\mathrm{d}t} \int \boldsymbol{E} \cdot \mathrm{d}\boldsymbol{S}$。

全電流：$I = I_c + I_d$，式中，I_c 是傳導電流（Conduction current）。

普遍的安培環路定理　　$\oint_L \boldsymbol{B} \cdot \mathrm{d}\boldsymbol{r} = \mu_0 \left(I + \varepsilon_0 \dfrac{\mathrm{d}}{\mathrm{d}t} \int_S \boldsymbol{E} \cdot \mathrm{d}\boldsymbol{S} \right)$。

安培定律　$\mathrm{d}\boldsymbol{F}=I\mathrm{d}\boldsymbol{l}\times\boldsymbol{B}\Rightarrow\boldsymbol{F}=\int I\mathrm{d}\boldsymbol{l}\times\boldsymbol{B}$，式中，$\mathrm{d}\boldsymbol{F}$是電流元 $I\mathrm{d}\boldsymbol{l}$ 在外磁場 $\boldsymbol{B}$ 中所受的力。

勞侖茲力（Lorentz force）**公式**　$\boldsymbol{F}=q\boldsymbol{E}+q\boldsymbol{v}\times\boldsymbol{B}$，式中，$\boldsymbol{E}$ 表示電場強度，$\boldsymbol{v}$ 表示帶電粒子進入磁場強度 $\boldsymbol{B}$ 中的速度，q 為電荷所帶的電量。

載流線圈的磁矩（Magnetic moment）　$\boldsymbol{m}=I\boldsymbol{S}$，式中，$\boldsymbol{S}$ 表示線圈的面積。

載流線圈在均勻磁場中的力矩　$\boldsymbol{M}=\boldsymbol{m}\times\boldsymbol{B}$。

載流線圈在均勻磁場中的位能　$W_m=-\boldsymbol{m}\cdot\boldsymbol{B}$。

磁通量　$\mathrm{d}\varPhi=\boldsymbol{B}\cdot\mathrm{d}\boldsymbol{S}$。

磁場的高斯定理　$\oint_S\boldsymbol{B}\cdot\mathrm{d}\boldsymbol{S}=0$。

其微分形式為　$\nabla\cdot\boldsymbol{B}=0$。

磁極化強度（Magnetic polarization 或 Magnetization）　$\boldsymbol{M}=\lim\limits_{\nabla V\to0}\dfrac{\sum\limits_i\boldsymbol{m}_i}{\nabla V}$，式中，$\sum\limits_i\boldsymbol{m}_i$ 表示磁介質中某一微小體積 ∇V 內分子磁矩的向量和。

對於各向同性（Isotropic）磁介質，其磁化強度為：$\boldsymbol{M}=\dfrac{\mu_r-1}{\mu_0\mu_r}\boldsymbol{B}=\chi_m\boldsymbol{H}$。

介質磁導率（Magnetic permeability）：$\mu=\mu_r\mu_0$，式中，$\mu_\mathrm{r}=1+\chi_\mathrm{m}$，$\chi_\mathrm{m}$ 為磁化率（Magnetic susceptibility），μ_0 為真空磁導率，μ_r 為相對磁導率。

磁場強度　$\boldsymbol{H}=\dfrac{\boldsymbol{B}}{\mu_0}-\boldsymbol{M}$，

對於各向同性磁介質，其磁場強度為：

$$\boldsymbol{H}=\dfrac{\boldsymbol{B}}{\mu_0\mu_\mathrm{r}}=\dfrac{\boldsymbol{B}}{\mu}$$

磁場環路定理　$\oint_L \boldsymbol{H} \cdot \mathrm{d}\boldsymbol{r} = \sum_i I_i$。

穩恆磁場的能量　$W_\mathrm{m} = \dfrac{1}{2} \int_V (\boldsymbol{B} \cdot \boldsymbol{H}) \, \mathrm{d}V$。

磁能密度　$w_\mathrm{m} = \dfrac{1}{2} \boldsymbol{B} \cdot \boldsymbol{H}$（非鐵磁介質）。

法拉第電磁感應定律（Faraday's law）　$\mathcal{E} = -\dfrac{\mathrm{d}\Phi}{\mathrm{d}t}$。

感應電動勢　$\mathcal{E} = \int_L (v \times \boldsymbol{B}) \cdot \mathrm{d}l$。

感應電動勢和感應電場　$\mathcal{E} = \oint_L \boldsymbol{E}_i \cdot \mathrm{d}\boldsymbol{r} = -\dfrac{\mathrm{d}\Phi}{\mathrm{d}t} = -\dfrac{\mathrm{d}}{\mathrm{d}t} \int_S \boldsymbol{B} \cdot \mathrm{d}\boldsymbol{S}$，其中，$\boldsymbol{E}_i$ 為感應電場。

互感係數（Coefficient of mutual inductance 或 Mutual inductance）

$$M = \frac{\psi_{21}}{i_1} = \frac{\psi_{12}}{i_2}。$$

互感電動勢（Mutual induced electromotive force）

$$\mathcal{E}_{21} = -M \frac{\mathrm{d}i_1}{\mathrm{d}t} \quad (M 一定時)。$$

自感係數（Coefficient of self inductance 或 Self inductance）　$M = \dfrac{\psi}{i}$。

自感電動勢（Self induced electromotive force）

$$\mathcal{E}_L = -L \frac{\mathrm{d}i}{\mathrm{d}t} \quad (L 一定時)。$$

自感磁能（Self induced magnetic energy）　$W_\mathrm{m} = \dfrac{1}{2} L I^2$。

互感磁能（Mutual induced magnetic energy）

$W_\mathrm{m} = \dfrac{1}{2} L_1 I_1^2 + \dfrac{1}{2} L_2 I_2^2 + M I_1 I_2$，式中 I_1，I_2 分別是兩個相鄰迴路 1、2 中的電流，L_1，L_2 為自感係數，M 為兩線圈間的互感係數。

交流電的有效值 $I = \sqrt{\dfrac{1}{T} \displaystyle\int_0^T i^2 \, \mathrm{d}t}$。

容抗（Capacitive reactance） $Z_C = \dfrac{1}{\omega C} = \dfrac{1}{2\pi f C}$，式中，$\omega$ 是交流電的角頻率，f 是頻率，C 是電容元件的電容。

有感電抗（Inductive reactance） $Z_L = \omega L = 2\pi f L$（$L$ 是電感元件的自感係數）。

電抗（Reactance） $Z_X = \omega L - \dfrac{1}{\omega C}$，式中，$\omega$ 是交流電的角頻率，$\omega L = Z_L$ 是感抗，$\dfrac{1}{\omega C} = Z_C$ 是容抗。

平均功率 $P = UI \cos\phi$，式中，ϕ 為電流、電壓的相位差。

無功功率 $P_{無功} = IU \sin\phi$，式中，ϕ 為電流、電壓的相位差。

品質因數（Quality factor，Q factor） $Q = \dfrac{P_{無功}}{P}$（P 是平均功率）。

位移電流 $J_D = \dfrac{\partial \boldsymbol{D}}{\partial t} = \varepsilon_0 \dfrac{\partial \boldsymbol{E}}{\partial t} + \dfrac{\partial \boldsymbol{P}}{\partial t}$，式中，$\boldsymbol{D}$ 為電位移向量，$\boldsymbol{E}$ 為電場強度，$\boldsymbol{P}$ 為電極化強度。

馬克士威方程組（Maxwell's equations） $\displaystyle\oint_S \boldsymbol{E} \cdot \mathrm{d}\boldsymbol{S} = \dfrac{q}{\varepsilon_0} = \dfrac{1}{\varepsilon_0} \int_V \rho \, \mathrm{d}V$

$$\int_S \boldsymbol{B} \cdot \mathrm{d}\boldsymbol{S} = 0$$

$$\oint_L \boldsymbol{E} \cdot \mathrm{d}\boldsymbol{r} = -\dfrac{\mathrm{d}\Phi}{\mathrm{d}t} = -\int_S \dfrac{\partial \boldsymbol{B}}{\partial t} \cdot \mathrm{d}\boldsymbol{S}$$

$$\oint_L \boldsymbol{H} \cdot \mathrm{d}\boldsymbol{l} = \int_S \left(\boldsymbol{J} + \dfrac{\partial \boldsymbol{D}}{\partial t} \right) \cdot \mathrm{d}\boldsymbol{S}$$

它的微分形式為

$$\nabla \cdot \boldsymbol{D} = \rho$$

$$\nabla \times \boldsymbol{E} = -\dfrac{\partial \boldsymbol{B}}{\partial t}$$

$$\nabla \cdot \boldsymbol{B} = 0$$

$$\nabla \times \boldsymbol{H} = \boldsymbol{J} + \frac{\partial \boldsymbol{D}}{\partial t}$$

式中，$\boldsymbol{D}$ 為電位移向量，$\boldsymbol{E}$ 為電場強度，$\boldsymbol{B}$ 是磁感應強度，$\boldsymbol{H}$ 是磁場強度，ρ 為自由電荷體密度，$\boldsymbol{J}$ 是傳導電流密度。

坡印亭向量（Poynting vector）（即能流密度）　$\boldsymbol{S} = \boldsymbol{E} \times \boldsymbol{H}$。

電磁場能量密度　$w = \frac{1}{2}(\boldsymbol{D} \cdot \boldsymbol{E} + \boldsymbol{B} \cdot \boldsymbol{H})$。

電磁波的波動方程　在沒有電荷、電流分佈的自由空間中，電場和磁場相互激發，它們滿足的波動方程為

$$\nabla^2 \boldsymbol{E} - \frac{1}{c^2}\frac{\partial^2 \boldsymbol{E}}{\partial t^2} = 0$$

$$\nabla^2 \boldsymbol{B} - \frac{1}{c^2}\frac{\partial^2 \boldsymbol{B}}{\partial t^2} = 0$$

式中，c 為電磁波在真空中的傳播速度。

定態波動方程　以一定頻率作正弦振盪的波稱為定態電磁波（單色波）。對於角頻率為 ω 的定態電磁波，它的波動方程為

$$\nabla^2 \boldsymbol{E} + k^2 \boldsymbol{E} = 0$$

上式稱為亥姆霍茲方程式（Helmholtz equation）。式中 $k = \omega\sqrt{\mu\varepsilon}$，稱為波數（Wave number）。$\mu$、$\varepsilon$ 為介質的磁導率和介電常數。

平面電磁波　$\boldsymbol{E}(\boldsymbol{x}, t) = \boldsymbol{E}_0 e^{i(\boldsymbol{k} \cdot \boldsymbol{x} - \omega t)}$，式中，$\boldsymbol{k}$ 為波向量（Wave vector）。

電磁波在真空中的傳播速度：$v = \dfrac{1}{\sqrt{u_0 \varepsilon_0}} = c$。

電磁波在介質中的傳播速度：$v = \dfrac{1}{\sqrt{\mu\varepsilon}}$。

IV 光學

光的折射定律 $\dfrac{\sin i}{\sin r} = \dfrac{n_2}{n_1}$，式中，$r$ 為折射角，i 為入射角。

介質的折射率 $n = \dfrac{c}{v} = \sqrt{\dfrac{\mu\varepsilon}{\mu_0\varepsilon_0}}$，式中，$c$ 和 v 分別為光在真空和介質中的傳播速度，μ 和 ε 分別為磁導率及介電常數。

臨界角 $i_c = \arcsin\dfrac{n_2}{n_1}$，式中，$n_1$、$n_2$ 分別表示介質 1 和介質 2 的折射率。

光程 $\delta = nr$，式中，n 和 r 分別為介質的折射率和光在介質中的路程。

費馬原理（Fermat Principle）$\displaystyle\int_A^B n\,\mathrm{d}r =$ 極值（極小值、極大值或常數）。

楊氏雙狹縫干涉（Young's double-slit interference）的形成條件

　　亮紋條件：光程差 $\delta = d\sin\theta = \pm k\lambda$，$k = 0, 1, 2, \cdots$。

　　暗紋條件：光程差 $\delta = d\sin\theta = \pm(2k-1)\dfrac{\lambda}{2}$，$k = 1, 2, 3, \cdots$。

　　亮紋中心的位置：$x = \pm k\dfrac{D}{d}\lambda$，$k = 0, 1, 2, \cdots$。

　　暗紋中心的位置：$x = \pm(2k-1)\dfrac{D}{2d}\lambda$，$k = 1, 2, 3, \cdots$。

　　相鄰兩亮紋或暗紋之間的距離：$\Delta x = \dfrac{D}{d}\lambda$。

條紋對比度（Contrast）$V = \dfrac{I_{\max} - I_{\min}}{I_{\max} + I_{\min}}$，$0 \le V \le 1$。

相干長度（Coherent length） $\delta_{\max} = \dfrac{\lambda^2}{\Delta\lambda}$。

楔形干涉（Wedge interference） 當兩束光相遇時，其光程差為

$$\delta = 2ne + \frac{\lambda}{2} \ (e \text{ 為楔形厚度})。$$

亮紋中心：$2ne + \dfrac{\lambda}{2} = k\lambda$，$k = 1, 2, 3, \cdots$。

暗紋中心：$2ne + \dfrac{\lambda}{2} = (2k+1)\dfrac{\lambda}{2}$，$k = 0, 1, 2, \cdots$。

斜面上相鄰兩條亮紋的間距 L：$L = \dfrac{\lambda}{2n\sin\theta}$。

相鄰兩條亮紋對應的厚度差 Δe：$\Delta e = \dfrac{\lambda}{2n}$。

牛頓環（Newton's rings） 相干兩束光的光程差 $\delta = 2e_k + \dfrac{\lambda}{2}$。式中，$e_k$ 為空氣薄層的厚度，$\lambda/2$ 是光在空氣層的下表面反射時產生的半波損失。

亮紋中心：$2e_k + \dfrac{\lambda}{2} = k\lambda$，$k = 1, 2, 3, \cdots$。

暗紋中心：$2e_k + \dfrac{\lambda}{2} = (2k+1)\dfrac{\lambda}{2}$，$k = 0, 1, 2, \cdots$。

亮環半徑：$r_k = \sqrt{\dfrac{(2k-1)R\lambda}{2}}$，$k = 1, 2, 3, \cdots$。

暗環半徑：$r_k = \sqrt{kR\lambda}$，$k = 0, 1, 2, \cdots$。

等傾干涉（Equal inclination interference） 相干的 1、2 兩光束到達 P 點的光程差為

$$\delta = 2ne\cos r + \frac{\lambda}{2}，\text{或 } \delta = 2e\sqrt{n^2 - \sin^2 i} + \frac{\lambda}{2}。$$

亮紋中心：$\delta = 2e\sqrt{n^2 - \sin^2 i} + \dfrac{\lambda}{2} = k\lambda$，$k = 1, 2, 3, \cdots$。

暗紋中心：$\delta = 2e\sqrt{n^2 - \sin^2 i} + \dfrac{\lambda}{2} = (2k+1)\dfrac{\lambda}{2}$，$k = 0, 1, 2, \cdots$。

正入射單縫夫朗和斐繞射（Fraunhofer diffraction）規律

中央亮紋：$a\sin\theta=0$。

亮紋中心：$a\sin\theta=(2k+1)\lambda/2$，$k=0, 1, 2, \cdots$。

暗紋中心：$a\sin\theta=k\lambda$，$k=1, 2, 3, \cdots$。

單縫繞射中央亮條紋寬度：$\Delta x=2f\tan\theta\approx 2f\sin\theta=2f\dfrac{\lambda}{a}$。

對於直徑為 D 的圓孔夫朗和斐繞射，其最小分辨角 $\theta\approx\sin\theta=1.22\dfrac{\lambda}{D}$。

鑑別率（Resolving power）　$R=\dfrac{D}{1.22\lambda}$。

光柵繞射光強分佈　$I=I_0\left[\dfrac{\sin\left(\dfrac{\pi a\sin\theta}{\lambda}\right)}{\dfrac{\pi a\sin\theta}{\lambda}}\right]^2\left[\dfrac{\sin\left(\dfrac{N\pi d\sin\theta}{\lambda}\right)}{\sin\left(\dfrac{\pi d\sin\theta}{\lambda}\right)}\right]^2$。

正入射光柵方程式　$d\sin\theta=\pm k\lambda$，$k=0, 1, 2, \cdots$。

斜入射光柵方程式　$d(\sin i\pm\sin\theta)=\pm k\lambda$，$k=0, 1, 2, \cdots$。

光柵的鑑別率　$R=\dfrac{\lambda}{\delta\lambda}=kN$

其中 k 為繞射級次，N 為光柵總縫數。

布拉格（Bragg）公式　$2d\sin\theta=k\lambda$，$k=1, 2, 3, \cdots$。

其中 d 為晶格常數，θ 為 X 射線入射到晶面的掠射角。

馬呂斯定律（Malus law）　$A=A_0\cos\theta\Rightarrow I=I_0\cos^2\theta$。

布魯斯特角（Brewster's angle）　$\tan i_0=\dfrac{n_2}{n_1}$。

其中 n_1、n_2 分別為介質 1、2 的折射率。

V 近代物理

維因公式（Wien's law）　　$M_v = \alpha v^3 e^{-\beta v/T}$，其中 α、β 為常數。

瑞立-京士公式（Rayleigh-Jeans formula）　$M_v = \dfrac{2\pi v^2}{c^2} k_B T$。

斯特藩-波茲曼定律（Stefan-Boltzmann law）　$M = \displaystyle\int_0^\infty M_v dv = \sigma T^4$，式中，$\sigma = 5.670400 \times 10^{-8}$ W/(m² · K⁴)為斯特藩-波茲曼常量。

普朗克（Planck）熱輻射公式　$M_v = \dfrac{2\pi h}{c^2} \dfrac{v^3}{e^{hv/k_B T} - 1}$。

維因位移定律（Wien displacement law）
$v_m = C_v T$，其中 $C_v = 5.880 \times 10^{10}$ Hz/K。

光電效應（Photoelectric effect）方程　$hv = \dfrac{1}{2} m v_m^2 + A$，其中 A 為逸出功。

光電效應的截止?率或稱為紅限頻率　$v_0 = A/h$。

康普頓（Compton）散射公式　$\Delta\lambda = \lambda - \lambda_0 = \dfrac{h}{m_0 c}(1 - \cos\phi)$。式中，$\lambda$ 和 λ_0 分別是散射光和入射光的波長，ϕ 為散射方向與入射光方向間的夾角。康普頓波長（Compton wavelength）：$\lambda_C = \dfrac{h}{m_0 c} = 2.426 \times 10^{-3}$ nm。

光子的動量、質量和能量　$p = \dfrac{hv}{c}$，$m = \dfrac{hv}{c^2}$，$E = hv$。

德布格利波長（de Broglie wavelength）　$\lambda = \dfrac{h}{p} = \dfrac{h}{mv}$。

測不準關係　位置和動量的不確定關係 $\Delta x \Delta p \geq \dfrac{\hbar}{2}$，

能量和時間的不確定關係 $\Delta E \Delta t \geq \dfrac{\hbar}{2}$。

含時薛丁格方程式（Time-dependent Schrödinger equation）

$i\hbar \dfrac{\partial}{\partial t} \psi(\boldsymbol{r},\,t) = \hat{H}\psi(\boldsymbol{r},\,t)$，$\hat{H} = -\dfrac{\hbar^2}{2m}\nabla^2 + V(\boldsymbol{r},\,t)$，式中，$\hat{H}$ 為體系的哈密頓算符（Hamitonian），它是動量算符（Momentum operator）$\dfrac{p^2}{2m}$ 與位能算符（Potential operator）$V(\boldsymbol{r},\,t)$ 的和，$\hat{p} = -i\hbar\nabla$ 稱為動量算符，$\psi(\boldsymbol{r},\,t)$ 稱為粒子的波函數。

定態薛丁格方程式（Time-independent Schrödinger equation）

$$\dfrac{\hbar^2}{2m}\dfrac{\partial^2 \varphi}{\partial x^2} + V(x)\varphi = E\varphi，\quad \varphi(x,\,t) = \varphi(x)\,e^{-iEt/\hbar}。$$

諧振子（Harmonic oscillator）**的位能**　$V = \dfrac{1}{2}kx^2 = \dfrac{1}{2}m\omega^2 x^2$，其中

$\omega = \sqrt{\dfrac{k}{m}}$ 是一個常數。此時定態薛丁格方程式為

$$\dfrac{\mathrm{d}^2\varphi}{\mathrm{d}x^2} + \dfrac{2m}{\hbar^2} = \left(E - \dfrac{1}{2}m\omega^2 x^2\right)\varphi = 0$$

諧振子能量：$E = \left(n + \dfrac{1}{2}\right)h\nu$，$n = 1,\,2,\,3,\,\cdots$。

氫原子光譜　$\tilde{\nu}_{nm} = T(m) - T(n)$，$n > m$ 均為正整數，$T(n) = -\dfrac{R_{\mathrm{H}}}{n^2}$，式中，$R_{\mathrm{H}}$ 為芮得柏常數（Rydberg constant），$R_{\mathrm{H}} = (109677.576 \pm 0.0012)$ cm^{-1}，按 m 的不同，氫原子光譜又可分為各種線系，如

來曼系（Lyman seris）：$\tilde{\nu}_{n1} = R_{\mathrm{H}}\left(\dfrac{1}{1^2} - \dfrac{1}{n^2}\right)$，$n = 2,\,3,\,4,\,\cdots$。

巴耳末系（Balmer seris）：$\tilde{v}_{n2} = R_H \left(\dfrac{1}{2^2} - \dfrac{1}{n^2} \right)$，$n = 3, 4, 5, \cdots$。

帕申系（Paschen seris）：$\tilde{v}_{n3} = R_H \left(\dfrac{1}{3^2} - \dfrac{1}{n^2} \right)$，$n = 4, 5, 6, \cdots$。

布拉克系（Brackett seris）：$\tilde{v}_{n4} = R_H \left(\dfrac{1}{4^2} - \dfrac{1}{n^2} \right)$，$n = 5, 6, 7, \cdots$。

蒲芬德系（Pfund seris）：$\tilde{v}_{n5} = R_H \left(\dfrac{1}{5^2} - \dfrac{1}{n^2} \right)$，$n = 6, 7, 8, \cdots$。

波耳半徑（Bohr radius） $\quad a_0 = \dfrac{4\pi\varepsilon_0 \hbar^2}{m_e e^2} = 5.29 \times 10^{-11} \, \text{m}$。

氫原子能量 $\quad E_n = \dfrac{E_1}{n^2}$，$E_1 = -\dfrac{me^4}{2(4\pi\varepsilon_0)^2 \hbar^2} \approx -13.6 \, \text{eV}$。

勞厄方程（Laue equation） $\quad \boldsymbol{R}_l \cdot (\boldsymbol{S} - \boldsymbol{S}_0) = \mu\lambda$，式中，$\boldsymbol{S}_0$ 和 $\boldsymbol{S}$ 為入射線和繞射線的單位向量，μ 是整數。

布拉格（Bragg）反射公式 $\quad 2d_h \sin\theta = n\lambda$，式中，$d_h$ 為面間距。

繞射方程 $\quad k - k_0 = n\boldsymbol{K}_h$，其中，$n$ 是繞射級數，k_0 和 k 為入射波向量和繞射波向量，k_h 為倒晶格向量（Reciprocal lattice vector）。

倒晶格基向量 $\quad \boldsymbol{b}_1 = \dfrac{2\pi(\boldsymbol{a}_2 \times \boldsymbol{a}_3)}{\Omega}$，$\boldsymbol{b}_2 = \dfrac{2\pi(\boldsymbol{a}_3 \times \boldsymbol{a}_1)}{\Omega}$，$\boldsymbol{b}_3 = \dfrac{2\pi(\boldsymbol{a}_1 \times \boldsymbol{a}_2)}{\Omega}$，式中，$\Omega = \boldsymbol{a}_1 \cdot (\boldsymbol{a}_2 \times \boldsymbol{a}_3)$ 為晶格原胞（Unit cell）的體積，$\boldsymbol{a}_1, \boldsymbol{a}_2, \boldsymbol{a}_3$ 為晶格基向量（Basis vector）。

晶格向量和倒晶格向量間的關係 $\quad \boldsymbol{R}_l \cdot \boldsymbol{K}_h = 2\pi\mu$（$\mu$ 為整數）。

晶體結合能 $\quad E_b = E_N - E_0$。

原子間的結合能（Binding energy） $\quad u(r) = -\dfrac{A}{r^m} + \dfrac{B}{r^n}$，式中，$A$、$B$、$m$、$n$ 皆為大於 0 的常數。

連納-瓊司位能（Lennard-Jones potential） $u(r) = 4\varepsilon \left[\left(\dfrac{\sigma}{r} \right)^{12} - \left(\dfrac{\sigma}{r} \right)^6 \right]$，式中，$\sigma \equiv \left(\dfrac{B}{A} \right)^{1/6}$，$\varepsilon \equiv \dfrac{A^2}{4B}$。

馬得隆常數（Madelung constant） $\mu = \sum\limits_j \left(\pm \dfrac{1}{\alpha_j} \right)$。

晶格振動動能（Lattice vibration energy） $E = \sum\limits_{i=1}^{3nN} \left(n_i + \dfrac{1}{2} \right) \hbar \omega_i$，式中，$N$ 為晶體原胞數，n 為每個原胞所含的原子數，ω_i 為晶格振動的角頻率，$\hbar$ 為普朗克常數（Planck constant）。

晶格比熱 $C_v = \left(\dfrac{\partial \overline{E}}{\partial T} \right)_v = \int_0^{\omega_m} k_B \left(\dfrac{\hbar \omega}{k_B T} \right)^2 \dfrac{e^{\hbar \omega / k_B T}}{(e^{\hbar \omega / k_B T} - 1)^2} \rho(\omega) \, d\omega$，式中，$\rho(\omega)$ 為角頻率分佈函數，ω_m 為最大角頻率。

狀態密度（Density of state） $Z(k) = \dfrac{V}{(2\pi)^3}$（$V$ 為晶體體積）。

能級密度 $g(E) = C\sqrt{E}$，$C = \dfrac{V}{2\pi^2} \left(\dfrac{2m}{\hbar^2} \right)^{3/2}$。

費米分布函數（Fermi distribution） $f(E) = \dfrac{1}{e^{(E - E_F)/k_B T} + 1}$，式中 k_B 為波茲曼常數，E_F 為費米能（Fermi energy）。

緊束縛模型（Tight-Binding Model）**的能帶**（Energy band）**計算公式**

$E_s(k) = E_s^{at} + C_s - J \sum\limits_{\substack{n \neq 0}}^{\text{鄰近}} e^{i k \cdot \boldsymbol{R}_n}$，式中，$E_s^{at}$ 為原子能級，$\boldsymbol{R}_n$ 稱為鄰近晶格向量。

絕對零度時的費米能 $E_F^0 = \dfrac{\hbar^2}{2m} (3n\pi^2)^{2/3}$，式中，$n$ 為單位體積內的電子數。

非絕對零度時的費米能　$E_F = E_F^0 \left[1 - \dfrac{\pi^2}{12} \left(\dfrac{k_B T}{E_F^0} \right)^2 \right]$ 。

晶體中電子的速度和加速度　$\bar{v}(k) = \dfrac{1}{\hbar} \nabla_k E(k)$ ， $a(k) = \dfrac{1}{\hbar} \nabla_k \dfrac{dE(k)}{dt}$ 。

有效質量（Effective mass）

$$m^* = \frac{f}{a} = \frac{\hbar^2}{\dfrac{d^2 E(k)}{dk^2}} = \frac{1}{\hbar^2} \begin{vmatrix} \dfrac{\partial^2 E}{\partial^2 k_x^2} & \dfrac{\partial^2 E}{\partial k_x \, \partial k_y} & \dfrac{\partial^2 E}{\partial k_x \, \partial k_z} \\[3mm] \dfrac{\partial^2 E}{\partial k_y \, \partial k_x} & \dfrac{\partial^2 E}{\partial^2 k_y^2} & \dfrac{\partial^2 E}{\partial k_y \, \partial k_z} \\[3mm] \dfrac{\partial^2 E}{\partial k_z \, \partial k_x} & \dfrac{\partial^2 E}{\partial k_z \, \partial k_y} & \dfrac{\partial^2 E}{\partial^2 k_z^2} \end{vmatrix} 。$$

Part *2*

基本概念和定理

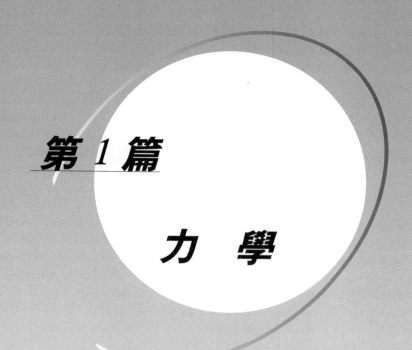

第 1 篇

力　學

第一章　質點運動學

1.1　一般概念

　　質點　是一個理想化模型，是只有質量而沒有大小和形狀的點。實際物體的形狀、大小各有差別，在空間位置隨時間變化（機械運動）過程中其形狀和大小也可能發生各種變化（形變），「質點」就是忽略這些因素，只考慮物體的整體移動。比如跳水運動員，我們說他在空中的運動軌跡是一條拋物線，如圖 1-1 所示，實際上已把他看作了一個質點。這個運動軌跡是一條拋物線的數學點，是運動員身體質量的中心（叫**質心**）。

圖 1-1　跳水運動員的運動

機械運動　是指物體的相對位置隨時間的改變。

參考系：物體的機械運動是指物體的位置隨時間的改變。位置總是相對的，這就是說任何物體的位置總是相對於其他物體或物體系來確定的，這個其他物體或物體系就稱為確定物體位置時用的參考系。例如，要確定高速公路上行駛汽車的位置時，我們常常選擇一些固定在地面上的物體，如房子或路牌作為參考系，這樣的參考系叫地面參考系。常見的參考系有：

(1)太陽參考系（太陽─恆星參考系）；

(2)地心參考系（地球─恆星參考系）；

(3)地面參考系或實驗室參考系；

(4)質心參考系。

座標系：為了定量描述一個質點相對於參考系的位置，就需要在參考系上建立固定的座標系，如圖 1-2 所示。常用的座標系有

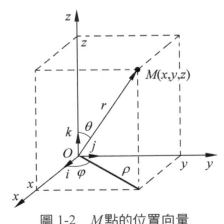

圖 1-2　M 點的位置向量

(1)直角座標系(x, y, z)；

(2)球（極）座標系(r, θ, ϕ)；

(3)柱座標系(ρ, ϕ, z)；

(4)自然座標系（Natural coordinates）。

1.2 直線運動

位置向量 為了表示質點在某時刻 t 的位置 M，如圖 1-2 所示，從原點向此點引一有向線段 OM，並記作 r，r 的方向說明了 M 點相對於座標軸的方位，r 的大小表明了原點到 M 點的距離。方位和距離都確定了，那麼 M 點的位置也就確定了。所以，用來確定質點位置的向量就叫做質點的位置向量，簡稱位元向量，一般可用函數

$$r = r(t)$$

來表示。上式在直角座標系中還可表示為

$$r(t) = x(t)i + y(t)j + z(t)k$$

路程 質點在運動過程中，位置向量的箭頭點所描繪出的軌跡長度就稱為路程。

位移 質點在一段時間內位置的改變叫做它在此時間內的位移，其單位是 m（公尺）。如果 t 時刻質點的位置向量為 $r(t)$，$t + \Delta t$ 時刻質點的位置向量為 $r(t + \Delta t)$，則 Δt 內質點的位移為

$$\Delta r = r(t + \Delta t) - r(t)$$

速度 包含平均速度和瞬時速度，速度的大小通常叫做速率，速率是純量，而速度是向量。

平均速度：質點在 Δt 時間內的位移與所經歷時間的比值就稱為該時間段內的平均速度。以 $\bar{v}$ 表示平均速度，即

$$\bar{v} = \frac{\Delta r}{\Delta t}$$

平均速度也是向量，它的方向就是位移的方向，如圖 1-3 所示。

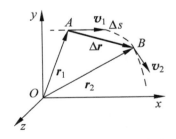

圖 1-3　位移向量和速度向量

瞬時速度：當 $\Delta t \to 0$ 時，上式的極限值即質點位置向量對時間的變

化率，叫做質點在時刻 t 的瞬時速度，簡稱速度。用 v 表示速度，有

$$v = \lim_{\Delta t \to 0} \frac{\Delta r}{\Delta t} = \frac{\mathrm{d} r}{\mathrm{d} t}$$

速度的方向，就是 $\Delta t \to 0$ 時，Δr 的方向。如圖 1-3 所示，當 Δt 趨於零時，B 點向 A 點趨近，而 Δr 的方向最後將與質點的運動軌跡在 A 點的切線一致。因此，質點在時刻 t 的速度方向就沿該時刻質點所在處運動軌跡的切線而指向前方。

速率：速度的大小就叫速率，一般以 v 表示，則有

$$v = |v| = \left| \frac{\mathrm{d} r}{\mathrm{d} t} \right| = \lim_{\Delta t \to 0} \frac{|\Delta r|}{\Delta t}$$

用 Δs 表示在 Δt 時間內質點沿軌跡所經歷的路程，當 Δt 趨於零時，$|\Delta r|$ 和 Δs 趨於相同，因此可以得到

$$v = \lim_{\Delta t \to 0} \frac{|\Delta r|}{\Delta t} = \lim_{\Delta t \to 0} \frac{\Delta s}{\Delta t} = \frac{\mathrm{d} s}{\mathrm{d} t}$$

上式說明，速率的大小又等於質點所走過的路程對時間的變化率。

合速度與分速度之間的關係：

$$v = \frac{\mathrm{d} r}{\mathrm{d} t} = \frac{\mathrm{d} x}{\mathrm{d} t} i + \frac{\mathrm{d} y}{\mathrm{d} t} j + \frac{\mathrm{d} z}{\mathrm{d} t} k = v_x i + v_y j + v_z k$$

其中，v_x, v_y, v_z 分別是質點沿 x, y, z 方向的速度分量。

加速度　可分為平均加速度和瞬時加速度。

平均加速度：質點在 Δt 時間內速度的改變與所經歷時間的比值就稱為該時間段內的平均加速度。以 $\bar{a}$ 表示平均加速度，即

$$\bar{a} = \frac{\Delta v}{\Delta t}$$

平均加速度的方向，就是 $\Delta t \rightarrow 0$ 時 Δv 的方向。

瞬時加速度：當 $\Delta t \rightarrow 0$ 時，平均加速度的極限值即質點速度對時間的變化率，稱為質點在時刻 t 的瞬時加速度。其數學運算式為

$$a = \lim_{\Delta t \to 0} \frac{\Delta v}{\Delta t} = \frac{\mathrm{d}v}{\mathrm{d}t} = \frac{\mathrm{d}^2 r}{\mathrm{d}t^2}$$

由上式可知，加速度也是向量。由於它是速度對時間的變化率，所以不管是速度的大小發生變化，還是速度的方向發生變化，都有加速度。加速度的單位為 m/s²。

由速度分量式，加速度可表示為

$$a = \frac{\mathrm{d}v_x}{\mathrm{d}t}i + \frac{\mathrm{d}v_y}{\mathrm{d}t}j + \frac{\mathrm{d}v_z}{\mathrm{d}t}k = a_x i + a_y j + a_z k$$

其中，a_x, a_y, v_z 分別是質點沿 x, y, z 方向的加速度分量。

直線運動　質點在一條確定直線上的運動，稱為直線運動。它包括等速直線運動和變速直線運動。常見的直線運動有自由落體運動和垂直上拋運動。

等速直線運動：在一直線上，任何時刻質點的速度均相等（包括大小和方向），則稱為等速直線運動。設其運動速度為 v，且 $t=0$ 時，質點的座標為 x_0，則經過 t 秒後，質點的座標是

$$x = x_0 + vt$$

在 t 時間內的位移是

$$s = x - x_0 = vt$$

等變速直線運動：在一直線上任何相等的時間內，速度改變均相等的運動稱為等變速直線運動。如果速度是線性增加的，稱為等加速直線運動；如果速度是線性減小的，稱為等減速直線運動。

質點作等變速直線運動時，加速度為常數。設 $t=0$ 時，質點的座標為 x_0，初速度為 v_0，加速度為 a，則 t 時刻質點的速度及座標為

$$v = v_0 + at$$
$$x = x_0 + v_0 t + \frac{1}{2}at^2$$

若 x_0 為座標原點,則在 t 時間內的位移 s 為

$$s = v_0 t + \frac{1}{2}at^2$$

消去 t,得

$$v^2 = v_0^2 + 2as$$

　　註:以上三式是等變速直線運動的基本公式。使用這些公式時,對於加速運動,a 為正值;對於減速運動,a 為負值。若算得 s, v 為正值,表示質點在 x_0 的右方,且沿 x 正方向運動;若算得 s, v 為負值,表示質點在 x_0 的左方,且沿 x 負方向運動。

　　以上三式中 s 表示位移而不是路程。

　　自由落體運動:質點僅受重力作用而無初速度地從高處下落的運動,並且是初速度為零的等加速直線運動。其加速度為 $a = g = 9.8$ m/s,方向垂直向下。

　　取垂直向下為 y 軸的正方向,$t = 0$ 時,質點位於座標原點,則下落 t 時間後,質點下落的速度和位移分別是

$$v = gt$$
$$y = \frac{1}{2}gt^2$$

　　垂直上拋運動：質點僅受重力作用並以初速度 v_0 垂直向上拋出的運動稱為垂直上拋運動。垂直上拋運動是初速度不為零的等減速直線運動，其加速度為 $a = g = -9.8$ m/s，方向垂直向下。

　　取垂直向上為 y 軸的正方向，$t = 0$ 時，質點位於座標原點，則上拋 t 時間後，質點的速度和位移分別為

$$v = v_0 - gt$$
$$y = v_0 t - \frac{1}{2} g t^2$$

其中，y 是質點到原點的位移。

1.3　平面曲線運動

　　平面曲線運動　質點在確定的平面內作曲線運動，就稱為平面曲線運動。常見的平面曲線運動有平拋運動、斜拋運動和圓周運動。

　　水平拋射運動：質點以初速度 v_0 沿水平方向拋出後，僅受重力作用，稱為水平拋射運動，如圖 1-4 所示。水平拋射運動可看作是水平方向的等速運動和鉛直方向的自由落體運動的合成運動。現取水平方向為 x 軸，鉛直方向為 y 軸（向下為正），則 t 時刻質點的分速度為

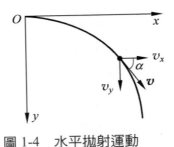

圖 1-4　水平拋射運動

$$v_x = v_0$$
$$v_y = gt$$

合成速度大小 $v = \sqrt{v_x^2 + v_y^2}$，方向 $\tan \alpha = \dfrac{v_y}{v_x}$，其中 α 是速度方向與 x 軸的夾角。而 t 時刻的座標是

$$x = v_0 t$$
$$y = \frac{1}{2} g t^2$$

消去上兩式中的 t，可得到質點的軌跡方程

$$y = \frac{1}{2} \frac{g}{v_0^2} x^2$$

斜拋運動：質點以初速度 v_0 與水平方向成 θ 角拋出，僅受重力作用，稱為斜拋運動。如圖 1-5 所示，斜拋運動可看作是水平方向的等速運動和鉛直方向的等變速運動的合運動。現取水平方向為 x 軸，鉛直方

向為 y 軸（向上為正），則在這兩個軸上的初速度分別是

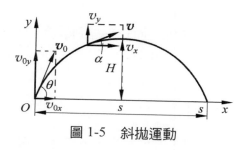

圖 1-5　斜拋運動

$$v_{0x} = v_0 \cos \theta$$
$$v_{0y} = v_0 \sin \theta$$

t 時刻質點的分速度為

$$v_x = v_0 \cos \theta$$
$$v_y = v_0 \sin \theta - gt$$

合成速度大小為 $v = \sqrt{v_x^2 + v_y^2}$，方向為 $\tan \alpha = \dfrac{v_y}{v_x}$，其中 α 是速度方向與 x 軸的夾角，而 t 時刻的座標是

$$x = v_0 \cos \theta t$$
$$y = v_0 \sin \theta t - \frac{1}{2} g t^2$$

消去上兩式中的 t，可得到質點運動的軌跡方程式

$$y = \tan\theta \cdot x - \frac{g}{2v_0^2 \cos^2\theta}x^2$$

由上式可知，其軌跡為拋物線。而質點達到最高點所需的時間是

$$t = \frac{v_0 \sin\theta}{g}$$

質點在 t 時間內，到達的最大高度和拋出的最遠距離是

$$H = \frac{v_0^2 \sin^2\theta}{2g} \text{，} s = \frac{v_0^2 \sin 2\theta}{g}$$

1.4　轉動運動

轉動運動　物體運動時其各點間與固定轉軸的距離保持不變的運動。轉動中常常用轉角 ϕ 來表示任何時刻物體的位置。轉動可分為等速轉動和變速轉動，例如，常見的圓周運動。

圓周運動　質點在轉動過程中，與固定轉軸的距離不變的運動稱為圓周運動。圓周運動可分為等速圓周運動和變速圓周運動。描述轉動的量有角位置、角位移、角速度和平均角速度。

角位置：如圖 1-6 所示，質點在 t 時刻所處的位置 θ_1 叫做角位置。

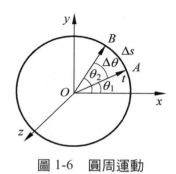

圖 1-6　圓周運動

　　角位移：角位置的改變量$\Delta\theta$叫做角位移。有限角位移是標量，無限小角位移是向量。

　　角速度：可分為平均角速度和瞬時角速度，角速度也是向量。

　　平均角速度：質點在Δt時間內所移動的角位移與所經歷時間的比值稱為該時間段內的平均角速度。以$\overline{\omega}$表示平均角速度，即

$$\overline{\omega} = \frac{\Delta\theta}{\Delta t}$$

　　平均角速度也是向量，它的方向就是角位移的方向，如圖 1-6 所示。

　　瞬時角速度：當$\Delta t \rightarrow 0$時，上式的極限值即質點角位移對時間的變化率，叫做質點在時刻t的瞬時角速度，簡稱角速度，用ω表示，其運算式為

$$\omega = \lim_{\Delta t \to 0} \frac{\Delta \theta}{\Delta t} = \frac{\mathrm{d}\theta}{\mathrm{d}t}$$

角速度的大小為 $\omega = \dfrac{\mathrm{d}\theta}{\mathrm{d}t}$，方向：滿足右手螺旋關係，沿著轉軸的方向，如圖 1-7 所示。單位為 rad/s。

右手法則　角速度、半徑向量、軌道線速度的方向分別沿著右手拇指、食指、中指的方向，如圖 1-7 所示。

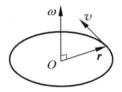

圖 1-7　右手法則規定角速度 ω、半徑 r、線速度 v 的取向

$$\omega = r \times v$$

而線速度 $v = \omega \times r$。

角加速度　可分為平均角加速度和瞬時角加速度。

平均角加速度：質點在 Δt 時間內角速度的改變與所經歷時間的比值稱為該時間段內的平均角加速度。以 $\bar{\alpha}$ 表示平均角加速度，即

$$\bar{\alpha} = \frac{\Delta \omega}{\Delta t}$$

平均角加速度的方向，就是 $\Delta \omega$ 的方向。

瞬時角加速度：當 $\Delta t \to 0$ 時，平均角加速度的極限值即質點角速度對時間的變化率，稱為質點在時刻 t 的瞬時角加速度。其數學運算式為

$$\alpha = \lim_{\Delta t \to 0} \frac{\Delta \omega}{\Delta t} = \frac{\mathrm{d}\omega}{\mathrm{d}t}$$

由上式可知，角加速度也是向量。由於它是角速度對時間的變化率，所以不管是角速度的大小發生變化，還是角速度的方向發生變化，都有角加速度。角加速度的單位為 rad/s^2。

相對運動 運動的描述只能是相對的，只能任意選取一個物體作為參考系，將參考系當作靜止的，而研究其他物體相對於參考系統的運動，就稱為相對運動。

伽利略變換（Galilean transformation）

設有一個慣性參考系 S 及另一個參考系 S'，它們的座標軸 y 與 y'，z 與 z' 相互平行，而 x 與 x' 重合，且 S' 沿 x 方向以速度 u 相對於 S 作等速運動，如圖 1-8 所示。當 S 和 S' 的原點重合時作為計時起點（$t=t'=0$），當 S' 相對於 S 移動 r_0（$r_0=ut$）時，測得 S 系中 P 點在 t 時刻的座標為 (x,y,z)，S' 系中 P 點在 t' 時刻的座標為 (x',y',z')。這兩個參考系內所測結果之間的關係稱為伽利略變換。

$$\begin{cases} x' = x - ut \\ y' = y \\ z' = z \\ t' = t \end{cases} \quad \text{或} \quad \begin{cases} x = x' + ut' \\ y = y' \\ z = z' \\ t = t' \end{cases}$$

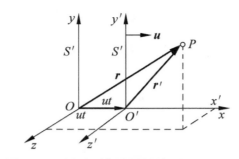

圖 1-8　兩個慣性系間的位置向量

伽利略相對性原理（Special principle of relativity）　將伽利略變換對時間求導一次，得

$$\frac{\mathrm{d}x'}{\mathrm{d}t'} = \frac{\mathrm{d}x}{\mathrm{d}t'} - u\frac{\mathrm{d}t}{\mathrm{d}t'} \quad 或 \quad \frac{\mathrm{d}x}{\mathrm{d}t} = \frac{\mathrm{d}x'}{\mathrm{d}t} + u\frac{\mathrm{d}t'}{\mathrm{d}t}$$

當 $u \ll c$ 時，因 $\mathrm{d}t = \mathrm{d}t'$，$\dfrac{\mathrm{d}y'}{\mathrm{d}t'} = \dfrac{\mathrm{d}y}{\mathrm{d}t'}$，$\dfrac{\mathrm{d}z'}{\mathrm{d}t'} = \dfrac{\mathrm{d}z}{\mathrm{d}t'}$，故上述變換寫為向量時，有

$$v' = v - u \quad 或 \quad v = v' + u$$

上式就是伽利略的速度變換，再對該式進行求導，得

$$\frac{\mathrm{d}v'}{\mathrm{d}t'} = \frac{\mathrm{d}v}{\mathrm{d}t'} - \frac{\mathrm{d}u}{\mathrm{d}t'} \xrightarrow{\ \mathrm{d}t = \mathrm{d}t'\ } \frac{\mathrm{d}v'}{\mathrm{d}t'} = \frac{\mathrm{d}v}{\mathrm{d}t} - \frac{\mathrm{d}u}{\mathrm{d}t}$$

即

$$a' = a - a_0$$

這就是同一質點相對於兩個相對作平動的參考系的加速度之間的關係。
如果兩個參考系相對作等速直線運動，即 u 為常數，則

$$a_0 = \frac{\mathrm{d}u}{\mathrm{d}t} = 0$$

於是有

$$a = a'$$

這就是說，在相對作等速直線運動的參考系中觀察同一質點的運動時，
所測得的加速度都是相同的。這就是伽利略相對性原理，或稱為力學相
對性原理。

　　絕對速度與相對速度　　在描述物體的運動時，總是相對選定的參考
系而言的。通常，我們選地面（或相對於地面靜止的物體）作為參考
系。但是，有時為了方便起見，往往也改選相對於地面運動的物體作為
參考系。由於參考系的變換，就要考慮物體相對於不同參考系的運動及
其相互關係，這就是相對運動問題。先選定一個基本參考系 K，如果另
一個參考系相對於基本參考系 K 在運動，則稱為運動參考系 K'。

　　絕對速度：在基本參考系 K 中觀測到的速度，稱為絕對速度。

　　相對速度：在運動參考系 K' 中觀測到的速度，稱為相對速度。

　　牽連速度（Following velocity）：運動參考系相對於基本參考系的速度，稱為牽連速度。

第二章 質點動力學

2.1 牛頓定律

　　牛頓定律建立了力與運動之間的關係。其中牛頓第一定律揭示了物體具有慣性的原理；在第一定律的基礎上，牛頓第二定律進一步闡明了質點在外力作用下其運動狀態變化的具體規律，即確定了力、質量和加速度的定量關係；牛頓第三定律揭示了物體間作用與反作用的原理。

　　質量　可分為慣性質量和重力質量

　　慣性質量：物體慣性的大小稱為慣性質量，簡稱質量。質量是純量，單位為 kg（千克）。

　　重力質量：一個物體受另一個物體的吸引作用的大小，稱為重力質量。慣性質量和重力質量不一定是彼此相等的。

　　重量　在地球表面附近，物體所受重力的大小，稱為重量。

　　力　物體之間的相互作用稱為力。力是向量，具有大小、方向和作用點三要素。力的單位是 N（牛〔頓〕），$1\,N = 1\,kg \cdot m/s^2$。常見的力有重力、彈力和摩擦力。

　　重力　地球對物體的吸引作用稱為重力。離地面越遠，重力越小。同一物體位於地球上不同的地點，其重力也略有不同。重力的大小不但與物體位於地面的高度有關，而且與物體所在地球的緯度有關。重力

（W）的運算式為

$$W = mg$$

彈力　物體發生彈性形變後，內部會產生企圖恢復形變的作用力，這種力稱為彈力（Elasticity）或張力（Tensoion）。

摩擦力　兩物體相互接觸，而發生於接觸面間用於阻止物體相對運動的力，稱為摩擦力。摩擦力可分為動摩擦力和靜摩擦力。

靜摩擦力：當物體受到外力作用時，仍能處於相對靜止的狀態，從而在接觸面上產生的摩擦力稱為靜摩擦力。靜摩擦力與物體所受的合外力大小相等，方向相反。靜摩擦力是可變化的，其最大值

$$f_{\max} = \mu_0 N$$

其中，μ_0 為靜摩擦因數，N 為正壓力。

動摩擦力：當作用於物體的外力超過最大靜摩擦力時，物體開始產生相對滑動，這時所產生的摩擦力稱為動摩擦力，方向與滑動方向相反，其運算式為

$$f_{滑} = \mu N$$

式中，μ 為動摩擦係數，N 為正向力。

基本單位和導出單位 在確定各物理量的單位時，總是根據它們之間的相互聯繫選定少數幾個物理量作為基本量，並人為地規定它們的單位，這樣的單位就稱作基本單位。其他的物理量都可以根據一定的關係從基本量導出，這樣的物理量叫導出量。導出量的單位就叫導出單位。

單位制 基本物理量即基本單位選定後就構成了一種單位制。各個國家的單位制並不統一，相互之間的換算也比較麻煩。因此，1960 年第十一屆國際計量大會上決定採用國際單位制，即 SI 制。這個單位制有七個基本物理量和七個基本單位，見表 2-1。

表 2-1　SI 制的基本物理量和基本單位

基本物理量	長度	質量	時間	電流強度	熱力學溫度	物質的量	發光強度
基本單位	公尺	公斤	秒	安培 (Ampere)	克耳文 (絕對溫度) (Kelvin, K)	莫耳 (Mole)	燭光 (Candela)
單位符號	m	kg	s	A	K	mol	cd

單位因次式 為了定性表示導出量和基本量之間的關係，常常不考慮數字因素，而將一個導出量用若干基本量的乘方之積表示出來，這樣的表示式稱為該物理量的單位因次式（量綱或量綱式）。若以 L, M 和 T 分別表示基本量長度、質量和時間的單位因次式，任一物理量 A 的單位因次式為

$$\dim A = \mathrm{L}^p \mathrm{M}^q \mathrm{T}^r$$

式中，冪指數 p, q, r 為該單位因次式的量綱指數。如速度和加速度的單位因次式為

$$\dim v = \mathrm{LT}^{-1}, \dim a = \mathrm{LT}^{-2}$$

牛頓第一定律　任何物體都有保持靜止或等速直線運動狀態的特性，這種特性叫慣性，故牛頓第一定律又稱慣性定律。慣性反映了物體改變運動狀態的難易程度。同時，第一定律也確定了力的含義，物體質點所受的力是外界對物體的一種作用，是試圖改變物體靜止或等速直線運動狀態的作用。

牛頓第二定律　物體運動的變化與所加的外力成正比，並且發生在這力所沿的直線上。其數學運算式為

$$\boldsymbol{F} = m\boldsymbol{a} = m\frac{\mathrm{d}v}{\mathrm{d}t}$$

在直角座標系下，將質點所受的合力可分解到 x, y, z 方向上，這三個方向的運動方程為

$$F_x = ma_x = m\frac{\mathrm{d}v_x}{\mathrm{d}t}$$
$$F_y = ma_y = m\frac{\mathrm{d}v_y}{\mathrm{d}t}$$
$$F_z = ma_z = m\frac{\mathrm{d}v_z}{\mathrm{d}t}$$

在平面自然座標系下，將質點所受的合力在法向和切向分解，則沿法向
（用 n 表示）和切向（用 t 表示）運動的方程可表示為

$$F_n = ma_n = m\frac{v^2}{\rho}$$
$$F_t = ma_t$$

式中，F_n 為法向的合力，F_t 為切向的合力；a_n 為法向的加速度，a_t 為切
向的加速度；ρ 為質點所在處曲線的曲率半徑。

牛頓第三定律　兩物體之間發生相互作用時，作用力與反作用力大
小相等，方向相反，但分別作用在兩個物體上。其運算式如下

$$\boldsymbol{F}_{12} = -\boldsymbol{F}_{21}$$

非慣性系　一參考系相對於另一慣性參考系作加速運動時，該參考
系稱為非慣性系。在非慣性系中牛頓定律是不成立的。

若非慣性系作平動，稱為平動非慣性系。若非慣性系相對於某一
「靜止」的軸不論是作等速轉動還是變速轉動，都稱為轉動非慣性系。

慣性力　在平動非慣性系中，質點除受實際的作用力外，還受一個
與非慣性系加速度方向相反的大小為 ma_0 的慣性力的作用，即

$$\boldsymbol{F}_慣 = -m\boldsymbol{a}_0$$

其中，a_0 為非慣性系相對於慣性系的加速度。慣性力是一種虛擬力，它與實際的外力不同，沒有反作用力，只能在非慣性系中出現。當引入慣性力後，在非慣性系中就可以應用牛頓第二定律了。其運算式為

$$F + F_{慣} = ma'$$

式中，a' 為質點相對於非慣性系的加速度，F 為質點所受的外力。

　　慣性離心力　在等速轉動的非慣性系內觀測一個靜止的質點，除受實際的外力作用外，還受到一個方向背離轉軸，大小為 $m\omega^2 R$ 的慣性力作用。R 為質點到轉軸的垂直距離，ω 為角速度。因在該非慣性系內觀察時它的方向是離心的，故稱為慣性離心力。慣性離心力與「離心力」的概念完全不同，離心力是在慣性系中觀察到的，它是向心力的反作用力。

　　切向慣性力　在變速轉動的非慣性系內靜止的質點，除受實際的外力和慣性離心力作用外，還受到一個切向的慣性力的作用。其大小為 ma_t（a_t 是轉動參考系的切向加速度），方向與轉動參考系的切向加速度相反。

　　科里奧利力　在等速轉動參考系中運動的物體，所受的慣性力比較複雜，除了慣性離心力外，還受到一種慣性力，這種力叫做科里奧利力。設質點以速度 v' 相對於轉動非慣性系運動，非慣性系以 ω 轉動，其科里奧利力為

$$F_C = 2mv' \times \boldsymbol{\omega} = ma_C$$

式中，a_C（$a_C = 2v' \times \boldsymbol{\omega}$）為科里奧利加速度，方向滿足右手螺旋關係。

2.2 　基本的自然力

引力　任何兩個物體間都存在著相互吸引的作用，這種相互作用就稱為引力。引力的大小與兩個物體（看作兩個質點）的質量 m_1 和 m_2 的乘積成正比，與兩個質點間距離的平方成反比，其運算式為

$$F = G\frac{m_1 m_2}{r^2}$$

式中，G 為引力常數，且 $G = 6.67 \times 10^{-11}$ N・m^2/kg^2，其引力的方向在兩質點的連線上。上式稱為萬有引力定律，又稱為平方反比定律。

電磁力　是指帶電粒子或帶電的宏觀物體之間的作用力，它是由光子作為傳遞媒介的。兩個靜止的帶電粒子之間的作用力類似於萬有引力定律，其大小與兩個點電荷的電量 q_1 和 q_2 的乘積成正比，而與兩個電荷的距離 r 的平方成反比，其運算式如下

$$F = k\frac{q_1 q_2}{r^2}$$

式中，比例係數 k 在國際單位制中的值為

$$k = 9 \times 10^9 \text{ N} \cdot \text{m}^2/\text{C}^2$$

運動的電荷相互間除了有電力作用外，還有磁力相互作用。磁力實際上是電力的一種表現，或者說，磁力和電力具有同一本源。

強力 原子核內質子之間的電磁力是一種排斥力，但原子核的各部分並沒有自動飛離，說明在質子之間還存在一種比電磁力強的自然力，正是這種力把原子核內的質子以及中子緊緊地束縛在一起。這種存在於質子、中子、介子等強子之間的作用力稱作強力。兩個相鄰質子之間的強力一般可以達到 10^4 N。強力是一種短程力，如果強子之間的距離超過約 10^{-15} m 時，強力就變得很小，可忽略不計。當強子之間的距離小於 10^{-15} m 時，強力占主要支配地位，當距離減小到大約 0.4×10^{-15} m 時，強力都表現為吸引力，距離再減小就表現為斥力。

弱力 也是各粒子之間的一種相互作用，但是這種力僅僅在粒子間的某些反應（如 β 衰變）中才顯示出來。它的力程比強力還要短，而且很弱。兩個相鄰的質子之間的弱力大約僅有 10^{-2} N。

表 2-2 列出了 4 種基本自然力的特徵，其中力的強度是指兩個質子中心的距離等於它們直徑時的相互作用力。

表 2-2　四種基本自然力的特徵

力的種類	相互作用的物體	力的強度	力程
引力	一切質點	$10^{-34}\,\text{N}$	無限遠
弱力	大多數粒子	$10^{-2}\,\text{N}$	小於 $10^{-17}\,\text{m}$
電磁力	電荷	$10^{2}\,\text{N}$	無限遠
強力	核子、介子等	$10^{4}\,\text{N}$	$10^{-15}\,\text{m}$

2.3　功與能

功　功是力在位移方向上的分量與該位移大小的乘積，以 A 表示，其運算式為

$$\mathrm{d}A = F\mathrm{d}r\cos\theta = \boldsymbol{F} \cdot \mathrm{d}\boldsymbol{r}$$

式中，$\mathrm{d}\boldsymbol{r}$ 為物體發生的位移，θ 為 $\boldsymbol{F}$ 與 $\mathrm{d}\boldsymbol{r}$ 之間的夾角。

物體在力作用下從一點到另一點時，力所做的功

$$A = \int_{r_1}^{r_2} \boldsymbol{F} \cdot \mathrm{d}\boldsymbol{r}$$

功是標量，單位是 J（焦〔耳〕）（Joule），1 焦〔耳〕= 1 牛〔頓〕‧公尺，1 焦〔耳〕= 10^7 爾格。

重力做的功：當物體從高度 h_1 下落到 h_2 時，重力所做的功為

$$A = \int_{h_1}^{h_2} -mg\mathrm{d}h = -(mgh_2 - mgh_1)$$

彈性力做的功：在彈性範圍內，當物體離開平衡位置 x_1，移動到 x_2 時，彈力所做的功為

$$A = \int_{x_1}^{x_2} -kx\mathrm{d}x = -\left(\frac{1}{2}kx_2 - \frac{1}{2}kx_1\right)$$

萬有引力做的功：一質點 m_1 受到另一質點 m_2 的吸引作用，從距 m_2 的距離 r_1 處移動到 r_2 處時，萬有引力做的功為

$$A = \int_{r_1}^{r_2} -G\frac{m_1 m_2}{r^2}\mathrm{d}r = -\left[\left(-G\frac{m_1 m_2}{r_2}\right) - \left(-G\frac{m_1 m_2}{r_1}\right)\right]$$

功率　力在單位時間內做的功，稱為功率。即

$$P = \frac{\mathrm{d}A}{\mathrm{d}t}$$

功率的單位是 W（瓦〔特〕）。另一單位是馬力（Horsepower，hp），1 馬力 = 735 瓦。

保守力（Conservative force）　如果力所做的功與路徑無關，而只與始末位置有關，這樣的力就稱為保守力。常見的保守力有重力、彈性

力、萬有引力和靜電場力。判別保守力的方法有三種：

$$\oint_L \boldsymbol{F} \cdot \mathrm{d}\boldsymbol{r} = 0$$
$$\boldsymbol{F} = -\mathrm{grad}\, E_\mathrm{P} = -\nabla E_\mathrm{P}$$
$$\nabla \times \boldsymbol{F} = 0$$

式中，∇E_P 為質點位能的增量，$\nabla = \dfrac{\partial}{\partial x}\boldsymbol{i} + \dfrac{\partial}{\partial y}\boldsymbol{j} + \dfrac{\partial}{\partial z}\boldsymbol{k}$。

位能差　質點從位置 r_1 移動到 r_2 時，保守力所做的功在數值上等於位能增量的負值。

$$A = \int_{r_1}^{r_1} \boldsymbol{F} \cdot \mathrm{d}\boldsymbol{r} = -(E_{\mathrm{p}2} - E_{\mathrm{p}1})$$

位能　保守力做功只定義了位能差，要確定某一位置的位能大小就必須先確定零位能點，所以位能只是一個相對數值，要具體問題具體分析。位能包含

重力位能：$E_\mathrm{p} = mgh + C$（C 為常數）

彈性位能：$E_\mathrm{p} = \dfrac{1}{2}kx^2 + C$

萬有引力位能：$E_\mathrm{p} = -G\dfrac{m_1 m_2}{r} + C$

動能　$E_\mathrm{k} = \dfrac{1}{2}mv^2$

機械能　$E = E_\mathrm{k} + E_\mathrm{p}$

動能定理　外力所做的總功在數值上等於質點動能的增量。其數學

運算式為

$$A_{外力} = E_{k2} - E_{k1} = \frac{1}{2}mv_2^2 - \frac{1}{2}mv_1^2$$

功能原理　外力（不包括保守力）所做的總功在數值上等於質點機械能的增量。其數學運算式為

$$A_{外力} = E_2 - E_1$$

2.4　質點的動量與角動量

衝量與動量　由牛頓第二定律 $F = ma = \dfrac{d(mv)}{dt} = \dfrac{dp}{dt}$ 可知：$p = mv$，稱為質點的動量。動量是向量，單位是 kg · m/s（公斤 · 公尺／秒）；Fdt 稱為衝量。衝量也是向量，單位是 N · s（牛〔頓〕秒）。

動量定理　作用於質點的合外力衝量在數值上等於質點動量的增量。即

$$Fdt = dp$$

動量守恆定律　當作用於質點的合外力為零時，質點的動量保持不

變,即動量守恆。其運算式為

$$p = 恆向量$$

力矩 力矩包含點矩和軸矩,點矩是向量,而軸矩是標量。
點矩:力對某一固定點的矩稱為點矩,如圖 2-1 所示。

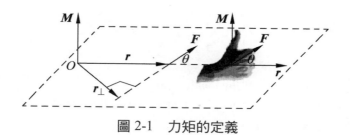

圖 2-1　力矩的定義

$$M = r \times F = \begin{vmatrix} i & j & k \\ x & y & z \\ F_x & F_y & F_z \end{vmatrix}$$
$$= (yF_z - zF_y)\,i + (zF_x - xF_z)\,j + (xF_y - yF_x)\,k$$
$$M = M_x\,i + M_y\,j + M_z\,k$$
$$= (yF_z - zF_y)\,i + (zF_x - xF_z)\,j + (xF_y - yF_x)\,k$$
$$\begin{cases} M_x = yF_z - zF_y \\ M_y = zF_x - xF_z \\ M_z = xF_y - yF_x \end{cases}$$

式中,r 為位置向量,F 為作用於物體的合外力。點矩大小為 $M = r_\perp F = rF\sin\theta$,$\theta$ 為 r 與 F 之間的夾角,方向滿足右手螺旋法則。力矩的單位是

N · m（牛〔頓〕公尺）。

軸矩：力對某一固定軸的矩稱為軸矩，例如，M_x, M_y, M_z 分別是力對 x, y, z 軸的軸矩。

動量矩 動量矩又稱為角動量，它同力矩一樣也分為相對於固定點和固定軸的矩。相對於固定點的動量矩是向量，而相對於固定軸的動量矩是標量，如 L_x, L_y, L_z。其數學運算式為

$$L = r \times P = r \times mv$$

$$L = r \times mv = \begin{vmatrix} i & j & k \\ x & y & z \\ mv_x & mv_y & mv_z \end{vmatrix}$$

$$= (ymv_z - zmv_y)\,i + (zmv_x - xmv_z)\,j + (xmv_y - ymv_x)\,k$$

$$L = L_x\,i + L_y\,i + L_z\,k$$

$$= (ymv_z - zmv_y)\,i + (zmv_x - xmv_z)\,j + (xmv_y - ymv_x)\,k$$

$$\begin{cases} L_x = ymv_z - zmv_y \\ L_y = zmv_x - xmv_z \\ L_z = xmv_y - ymv_x \end{cases}$$

動量矩定理 質點所受的外力矩之和在數值上等於動量矩的變化率，稱為動量矩定理。其數學表示式為

$$M = \frac{\mathrm{d}L}{\mathrm{d}t} \Rightarrow \begin{cases} M_x = \dfrac{\mathrm{d}L_x}{\mathrm{d}t} \\[2mm] M_y = \dfrac{\mathrm{d}L_y}{\mathrm{d}t} \\[2mm] M_z = \dfrac{\mathrm{d}L_z}{\mathrm{d}t} \end{cases}$$

動量矩守恆定律　在慣性系內（定點或定軸無加速度），當外力矩為零（即 $M=0$）時，質點的動量矩不隨時間而改變，是一恆向量。其表示式為

$$L = 恆向量$$

2.5　質點系的動量與角動量

質點系　由兩個或兩個以上質點組成的體系，稱為質點系。

質心　質點系質量分佈的中心，簡稱質心。設質點系由 N 個質點組成，其質量分別為 $m_1, m_2, \cdots, m_N$，位置向量分別為 $r_1, r_2, \cdots, r_N$，其質心運算式為

$$r_C = \frac{\sum_i m_i r_i}{\sum_i m_i} = \frac{\sum_i m_i r_i}{m} \Rightarrow \begin{cases} x_C = \dfrac{\sum_i m_i x_i}{m} \\ y_C = \dfrac{\sum_i m_i y_i}{m} \\ z_C = \dfrac{\sum_i m_i z_i}{m} \end{cases}$$

式中，$m = \sum_i m_i$ 為質點系的總質量。

質點系的動量　質點系動量等於各質點的動量和，即

$$p = \sum_i p_i = \sum_i m_i v_i = mv_C$$

質點系的動量定理　作用於質點系的合外力在數值上等於質點系動量的變化率，即

$$F_{外} = \frac{\mathrm{d}p}{\mathrm{d}t}$$

外力：質點系以外物體對質點系的作用力，稱為外力。

內力：質點系內質點間的相互作用力，稱為內力。質點系的內力具有三個特點：

(1)合內力等於零；

(2)合內力矩等於零；

(3)內力是可以做功的。

質點系的動量守恆定律　當作用於質點系的合外力等於零時，質點系的總動量保持不變，即動量守恆。其運算式為

$$p = 恆向量$$

質心運動定理　作用於質點系的外力在數值上等於總質量和質心加速度的乘積，稱為質心運動定理。即

$$F_{外} = ma_C$$

質點系的總角動量　質點系的總角動量等於各質點角動量之和，即

$$L = \sum_i \boldsymbol{r}_i \times \boldsymbol{p}_i = \sum_i \boldsymbol{r}_i \times m_i v_i$$

質點系的角動量定理　作用於質點系的合外力矩在數值上等於角動量的變化率，即

$$M_{外} = \frac{\mathrm{d}L}{\mathrm{d}t}$$

質點系的角動量守恆定律　當作用於質點系的合外力矩等於零時，質點系的總角動量保持不變，即角動量守恆。其運算式為

$$L = 恆向量$$

第三章　剛體力學

3.1　剛體運動學

剛體　當受到力的作用時，其大小和形狀不改變的物體稱為剛體。

剛體運動的分類　根據運動的形式，剛體可分為平動剛體、定軸轉動剛體、定點轉動剛體、平面平行運動剛體和自由剛體。

平動剛體　剛體上每一點的運動都是相同的，因此在描述剛體的平動時，常常用一個點來代替，一般用質心來代替。

定軸轉動剛體　剛體內各質點都繞同一直線（叫轉軸）作圓周運動的剛體。如果轉軸相對於所取的參考系是固定的，剛體的轉動稱為定軸轉動，它是剛體轉動的最簡單情況。

(1)轉動角速度：$\omega = \dfrac{\mathrm{d}\theta}{\mathrm{d}t}$；

(2)轉動線速度：$v = \omega r$；

(3)切向加速度：$a_t = r\alpha$（α 為角加速度，r 為剛體中某一質元離轉軸的距離）；

(4)法向加速度：$a_n = \omega^2 r$。

定點轉動剛體　剛體在轉動過程中，若剛體上有一點始終不動，這樣的剛體稱為定點轉動剛體。其轉動角速度：$\omega = \dfrac{\mathrm{d}\theta}{\mathrm{d}t}$。

平面平行運動剛體 剛體上的各點都在平行於某個平面的各個平面內運動，這樣的剛體稱為平面平行運動剛體。平面平行運動＝純平動＋定軸轉動，例如純滾動。

純滾動：一個半徑為 R 的圓柱體在地面上作無滑滾動，稱為純滾動。

自由剛體 剛體在不受任何條件的限制下，其運動完全是自由的，這樣的剛體稱為自由剛體或一般剛體。

3.2 剛體動力學

剛體的質心 剛體質量分佈的中心，其質心位置為

$$r_C = \frac{\int r \, dm}{\int dm}$$

式中，r 為原點到單位質量 dm 的位置向量，在直角座標系中的分量式為

$$x_C = \frac{\int x \, dm}{\int dm} \, , \, y_C = \frac{\int y \, dm}{\int dm} \, , \, z_C = \frac{\int z \, dm}{\int dm}$$

剛體的重心 剛體重力的分佈中心，即為剛體的重心。質心永遠存

在，但重心不一定永遠存在。

轉動慣量 它和質量一樣是用來描述轉動剛體慣性大小的物理量。其定義式為

$$J = \sum_i m_i r_i^2$$

剛體的質量可以認為是連續分佈的，所以上式可寫成積分形式

$$J = \int r^2 \mathrm{d}m$$

式中，r 為 $\mathrm{d}m$ 到轉軸的垂直距離。轉動慣量是張量，單位是 $\mathrm{kg \cdot m^2}$（公斤・平方公尺）。下面是幾種剛體的轉動慣量，見表 3-1。

表 3-1　幾種均勻剛體的轉動慣量

剛體形狀		軸的位置	轉動慣量
細杆		通過一端垂直於杆	$\dfrac{1}{3}mL^2$
細杆		通過中點垂直於杆	$\dfrac{1}{12}mL^2$
薄圓環（或薄圓筒）		通過環心垂直於環面（或中心軸）	mR^2

表 3-1　幾種均勻剛體的轉動慣量（續）

剛體形狀	軸的位置	轉動慣量
圓盤 （或圓柱體）	通過盤心垂直於盤面 （或中心軸）	$\frac{1}{2}mR^2$
薄球殼	直徑	$\frac{2}{3}mR^2$
球體	直徑	$\frac{2}{5}mR^2$

平行軸定理　設剛體繞通過質心轉軸的轉動慣量為 J_C，則剛體繞與該軸平行且相距為 d 的平行軸（z 軸）的轉動慣量是

$$J_z = J_C + md^2$$

垂直軸定理　設薄板對垂直於板面 z 軸的轉動慣量為 J_z，對薄板內相互正交的 x 軸和 y 軸的轉動慣量分別為 J_x 和 J_y，則

$$J_z = J_x + J_y$$

　　剛體的定軸轉動定律　作用於剛體的合外力矩在數值上等於剛體的轉動慣量與角加速度的乘積。角加速度的方向與外力矩的方向是一致的。其運算式為

$$M = J\alpha$$

　　剛體的角動量　剛體對 z 軸的角動量等於各質量元對同一軸角動量的和。即

$$L_z = \int rv\mathrm{d}m = \int \omega r^2 \mathrm{d}m = J_z\omega$$

式中，r 為 $\mathrm{d}m$ 到軸的垂直距離，v 為線速度，ω 為繞 z 軸的角速度。

　　剛體的角動量定理　作用於剛體的合外力矩在數值上等於剛體總角動量的變化率。即

$$M = \frac{\mathrm{d}L}{\mathrm{d}t}$$

　　剛體的角動量守恆定律　當作用於剛體的合外力矩等於零時，剛體的總角動量保持不變，即角動量守恆。其運算式為

$$L = 恆向量$$

剛體的轉動動能　當剛體通過某質心的軸並以角速度ω作定軸轉動時，其動能為

$$E_k = \frac{1}{2} J_C \omega^2$$

但剛體以角速度 ω 作純滾動時，其動能為

$$E_k = \frac{1}{2} J_C \omega^2 + \frac{1}{2} m v_C^2$$

其中，J_C 為繞同一軸的轉動慣量，m 為剛體的總質量，v_C 為質心速度。

剛體的重力位能　因剛體的重力作用在質心上，故剛體重力位能為

$$E_p = mgh_C$$

力矩的功　當剛體作定軸轉動時，外力所做的功就稱為力矩做功。即

$$dA = Md\theta$$

式中，M 為外力矩，$d\theta$ 為外力作用下產生的角位移。

剛體的轉動動能定理　當剛體作定軸轉動運動時，外力矩做的功在數值上等於剛體轉動動能的增量。即

$$A_{\text{外}} = \frac{1}{2}J_C\omega_2^2 - \frac{1}{2}J_C\omega_1^2$$

進動　圖 3-1 是一種剛體（陀螺）的轉動軸不固定的情況。如果傾斜的陀螺不繞自身對稱軸旋轉，在對支點 O 的重力矩作用下它一定會向地面傾倒。如果它是一個繞自身對稱軸高速旋轉（稱為自旋）的陀螺，雖傾斜但不再向地面傾倒，其自轉軸在重力矩 M 作用下沿圖中虛線所示路徑畫出一個圓錐面來，也就是自轉軸圍繞圖中垂直軸（z 軸）旋轉。這種高速自旋物體的自轉軸在空間轉動的現象叫進動。

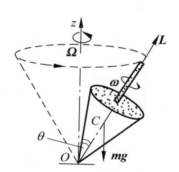

圖 3-1　進動現象

第四章　振動和波動

4.1　振動

振動　某一物理量圍繞平衡位置作週期性的往復運動，稱為振動。

簡諧振動　在恢復力（$F = -kx$）作用下，物體相對平衡位置的位移按餘弦函數的規律隨時間週期性地變化，這種運動稱為簡諧振動。其運算式為

$$x = A\cos(\omega t + \phi)$$

式中，A 為振幅，ω 為角速度或圓頻率，ϕ 為初相位。

週期　質點從某一運動狀態出發，又回到與原來的運動狀態相同的狀態所需的最短時間，稱為週期 T，單位是 s（秒）。

單擺週期：$T = 2\pi\sqrt{\dfrac{l}{g}}$（$l$ 為擺長）。

複擺週期：$T = 2\pi\sqrt{\dfrac{J}{mgl}}$（如圖 4-1 所示，複擺對 O 軸的轉動慣量為 J，複擺的質心 C 到 O 的距離為 l）。

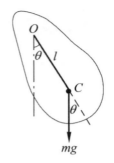

圖 4-1　複擺

彈簧振子週期：$T = 2\pi\sqrt{\dfrac{m}{k}}$（$k$ 為彈力常數）。

頻率　單位時間內質點作全振動的次數，稱為頻率 v。單位是 Hz（赫〔茲〕）。

振幅　質點離開平衡位置的最大距離，稱為振幅 A。單位是 m（公尺）。

圓頻率　又稱角頻率，即 $\omega = 2\pi/T = 2\pi v$。

振動速度　$v = \dfrac{\mathrm{d}x}{\mathrm{d}t} = -A\omega \sin(\omega t + \phi)$。

振動加速度　$a = \dfrac{\mathrm{d}v}{\mathrm{d}t} = \dfrac{\mathrm{d}^2 x}{\mathrm{d}t^2} = -A\omega^2 \cos(\omega t + \phi)$。

位相與初位相　由 $x = A\cos(\omega t + \phi)$ 可知，任意時刻 t 對應的量值 $(\omega t + \phi)$ 叫振動的相位；$t = 0$ 時刻的振動相位，叫初相位，用 ϕ 表示。它們的單位為 rad。

旋轉向量　如圖 4-2 所示，對應於簡諧振動 $x = A\cos(\omega t + \phi)$，在空間取座標原點的位置向量（徑向向量）$A$，使它的大小為簡諧振動的振

幅A，使它和x軸所成的角為振動的初相ϕ；然後，讓A從此位置（相應於$t=0$時）開始在同一平面內以簡諧振動角頻率ω作等角速度的逆時針旋轉，這樣的徑向向量A稱為旋轉向量。

彈簧振子　一個質量不計的彈簧，一端固定，一端系一質量為 m 的質點所組成的系統，稱為彈簧振子。

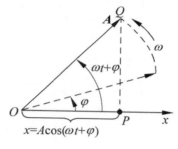

圖 4-2　相量圖

諧振子的能量　作簡諧運動的系統稱為諧振子，諧振子所具有的瞬時能量為振動動能和位能之和。

動能：$E_k = \dfrac{1}{2}mv^2 = \dfrac{1}{2}m\omega^2 A^2 \sin^2(\omega t + \phi)$

位能：$E_p = \dfrac{1}{2}kx^2 = \dfrac{1}{2}m\omega^2 A^2 \cos^2(\omega t + \phi)$

總能量：$E = E_k + E_p = \dfrac{1}{2}m\omega^2 A^2$

上式說明諧振子在任何時刻的能量都是守恆的。

阻尼振動　振子受到阻力作用時，能量和振幅逐漸減小，這種振幅（或能量）隨時間而減小的振動稱為阻尼運動。根據所受阻尼的大小，

阻尼可分為欠阻尼、臨界阻尼和過阻尼，如圖 4-3 所示。

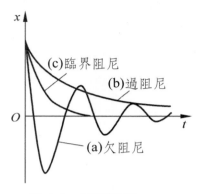

圖 4-3　三種阻尼

阻尼振動方程：

$$m\frac{\mathrm{d}^2x}{\mathrm{d}t^2} = -kx - \gamma\frac{\mathrm{d}x}{\mathrm{d}t} \Rightarrow \frac{\mathrm{d}^2x}{\mathrm{d}t^2} + 2\beta\frac{\mathrm{d}x}{\mathrm{d}t} + \omega_0^2 x = 0$$

其中，$\omega_0^2 = \dfrac{k}{m}$，$2\beta = \dfrac{\gamma}{m}$（$\omega_0$ 為固有頻率，β 為阻尼係數）。

阻尼振動方程的解：$x = A_0\,\mathrm{e}^{-\beta t}\cos(\omega t + \phi_0)$（其中 $\omega = \sqrt{\omega_0^2 - \beta^2}$，且滿足 $\beta < \omega_0$）。

阻尼振動週期：$T = \dfrac{2\pi}{\omega} = \dfrac{2\pi}{\sqrt{\omega_0^2 - \beta^2}}$。

受迫振動　諧振子在週期性驅動力作用下的振動稱為受迫振動。
驅動力：$F = H\cos\omega t$。

受迫振動方程：

$$-kx - \gamma \frac{\mathrm{d}x}{\mathrm{d}t} + H\cos \omega t = m \frac{\mathrm{d}^2 x}{\mathrm{d}t^2}$$

因為 $\omega_0^2 = \dfrac{k}{m}$，再設 $2\beta = \dfrac{\gamma}{m}$，$h = \dfrac{H}{m}$，則上式可寫為

$$\frac{\mathrm{d}^2 x}{\mathrm{d}t^2} + 2\beta \frac{\mathrm{d}x}{\mathrm{d}t} + \omega_0^2 x = h\cos \omega t$$

受迫振動方程的解：$x = A_0\, \mathrm{e}^{-\beta t} \cos(\sqrt{\omega_0^2 - \beta^2}\, t + \phi_0) + A\cos(\omega t + \phi)$。

受迫振動的振幅和初相位：$A = \dfrac{H/m}{\sqrt{(\omega_0^2 - \omega^2)^2 + 4\beta^2 \omega^2}}$ ；

$$\phi = \arctan \frac{-2\beta\omega}{\omega_0^2 - \omega^2} \text{。}$$

當 $\omega_r = \sqrt{\omega_0^2 - 2\beta^2}$ 時，受迫振動振幅達到最大值，即

$$A_r = \frac{h}{2\beta \sqrt{\omega_0^2 - \beta^2}} \text{。}$$

共振　在弱阻尼（$\beta \ll \omega_0$）情況下，由上式可知，當 $\omega_r = \omega_0$，即驅動力頻率等於振動系統的固有頻率時，振幅達到最大值。我們把受迫振動的振幅達到最大值的這種現象叫做共振。

4.2　振動的合成與分解

振動的合成　當一個振子受若干個同方向的簡諧振動的作用時，該振子在某時刻的位移為各簡諧振動在同一時刻單獨產生的位移之和。

兩個同方向同頻率的簡諧振動的合成

設兩個同方向的簡諧振動分別為：

$$x_1 = A_1\cos(\omega t + \phi_1)，x_2 = A_2\cos(\omega t + \phi_2)$$

其合振動為：$x = A\cos(\omega t + \phi)$

合振動的振幅：$A = \sqrt{A_1^2 + A_2^2 + 2A_1A_2\cos(\phi_2 - \phi_1)}$

合振動初相位：$\phi = \arctan\dfrac{A_1\sin\phi_1 + A_2\sin\phi_2}{A_1\cos\phi_1 + A_2\cos\phi_2}$

同相與反相：當兩個分振動同相，即 $\Delta\phi = \phi_2 - \phi_1 = 2k\pi$（$k = 0,\ \pm1,\ \pm2,\ \cdots$），則

$$A = \sqrt{A_1^2 + A_2^2 + 2A_1A_2} = A_1 + A_2$$

上式說明，合振幅最大，兩振動相互加強。

當兩個分振動反相，即 $\Delta\phi = \phi_2 - \phi_1 = (2k+1)\pi$（$k = 0,\ \pm1,\ \pm2,\ \cdots$），則

$$A = \sqrt{A_1^2 + A_2^2 - 2A_1A_2} = |A_1 - A_2|$$

合振幅最小，兩振動相互減弱。如果 $A_1 = A_2$，則 $A = 0$，說明兩個同頻率等幅反向的諧振動合成的結果將使質點處於靜止狀態。

兩個同方向不同頻率的簡諧振動的合成

設兩個同方向分振動分別為：$x_1 = A\cos(\omega_1 t + \phi)$，$x_2 = A\cos(\omega_2 t + \phi)$

合振動的運算式為：$x = x_1 + x_2 = 2A\cos\left(\dfrac{\omega_2 - \omega_1}{2}t\right)\cos\left(\dfrac{\omega_2 + \omega_1}{2}t + \phi\right)$

合振幅：$A_合 = 2A\cos\left(\dfrac{\omega_2 - \omega_1}{2}t\right)$ 是隨時間相對緩慢變化的量，當 $\omega_2 - \omega_1 \ll \omega_2 + \omega_1$ 時，可近似認為合振幅是週期性變化的。

拍頻：單位時間內合振動加強或減弱的次數稱為拍頻。如圖 4-4 所示。

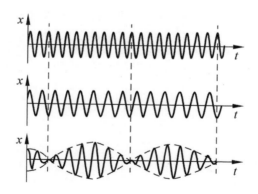

圖 4-4　拍的形式

兩個相互垂直的同頻率簡諧振動的合成

設兩個相互垂直方向的分振動分別為：

$$x = A_1 \cos (\omega t + \phi_1) , \quad y = A_2 \cos (\omega t + \phi_2)$$

合振動的運算式為：$\dfrac{x^2}{A_1^2} + \dfrac{y^2}{A_2^2} - \dfrac{2xy}{A_1 A_2} \cos (\phi_2 - \phi_1) = \sin^2 (\phi_2 - \phi_1)$

這是一個橢圓方程，它的形狀由兩分振動的相位差 δ 確定。

(1)當 $\delta = \phi_2 - \phi_1 = 0$，即兩振動同相，由合振動運算式可得

$$\frac{x}{A_1} - \frac{y}{A_2} = 0$$

上式表明質點的軌跡是通過座標原點、斜率為 A_2/A_1 的一條直線。所以，合振動是振幅為 $\sqrt{A_1^2 + A_2^2}$、頻率與初相均與分振動相同的簡諧振動，如圖 4-5(a)所示。

(2)當 $\delta = \phi_2 - \phi_1 = \pi/2$，即 y 向振動相位超前 x 向 $\pi/2$，由合振動運算式可得

$$\frac{x^2}{A_1^2} + \frac{y^2}{A_2^2} = 0$$

上式表明質點的軌跡是一個以座標軸為主軸的橢圓。因為 y 向振動相位超前 x 向 $\pi/2$，當質點處於 x 向最大正位移時，質點在 y 向正通過原點向負方向運動。因此，質點沿橢圓軌道的運動方向是順時針方向（或

者說是右旋的），如圖 4-5(c)所示。如果 $A_1 = A_2$，質點運動是右旋的圓周運動。

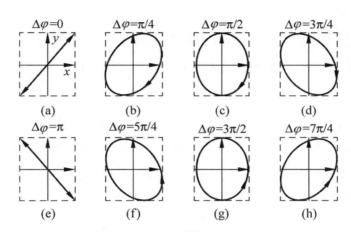

圖 4-5　幾種相位差不同簡諧振動的合成軌跡

(3)當 $\delta = \phi_2 - \phi_1 = \pi$ 時，即兩振動反相，由合振動運算式得

$$\frac{x}{A_1} + \frac{y}{A_2} = 0$$

　　這表明質點的軌跡是通過座標原點、斜率為 $(-A_2/A_1)$ 的一條直線。這種情況和 $\phi_2 - \phi_1 = 0$ 時類似，即合振動是振幅為 $\sqrt{A_1^2 + A_2^2}$、頻率為 ω、初相為 ϕ_1 的簡諧振動，如圖 4-5(e)所示。

　　(4)當 $\delta = \phi_2 - \phi_1 = 3\pi/2$（或為 $-\pi/2$）時，質點運動軌跡和 $\phi_2 - \phi_1 = \pi/2$ 時一樣，是一個正橢圓。不過此種情況是 x 向振動相位超前 y 向 $\pi/2$，所以質點沿橢圓軌道的運動方向是逆時針方向，或說成是左旋的。如圖

4-5(g)所示。同樣,如果 $A_1 = A_2$,質點運動是左旋的圓周運動。

當 δ 等於其他值,此時合振動的軌跡一般是橢圓,圖 4-5 給出了 8 種不同的情形,分別對應於不同的相位差 δ。

兩個相互垂直的不同頻率簡諧振動的合成　振動方向相互垂直,而頻率不同的兩個簡諧振動的合成運動是比較複雜的,並且運動軌道也是不穩定的。如果兩個簡諧振動的頻率相差很小,並且具有簡單的整數比時,合成運動的軌跡是穩定的閉合曲線。圖 4-6 給出了幾種分別具有不同整數頻率比和不同初相差情況下的合成運動的軌跡。這些圖形稱為利薩如圖形(Lissajous figure)或包迪奇曲線(Bowditch curve)。

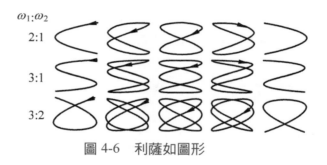

圖 4-6　利薩如圖形

振動的分解　一個振動分解為頻率分別為 $\omega, 2\omega, \cdots, n_\omega$ 的諧振動,稱為振動的分解。這種將一個振動中所包含的各種諧振動頻率成分及其強度分解出來的方法稱為簡諧分析(Harmonic analysis),所用的數學工具是傅立葉級數(Fourier series)。

4.3　波動

波動　一定的擾動在空間的傳播稱為波動，簡稱波。

機械波　機械振動在介質中的傳播為機械波，橫波和縱波是機械波的兩種基本形式。

簡諧波　簡諧振動在介質中的傳播稱為簡諧波。它是最簡單和最基本的波動形式，也是一種理想化模型。

簡諧波的幾何描述　為了描述簡諧波的傳播過程，常常引入波線、波面、波前（波陣面）、平面波、球面波等物理量，如圖 4-7 所示。

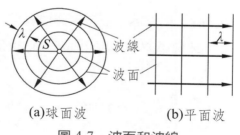

(a)球面波　　　　(b)平面波

圖 4-7　波面和波線

波線：從波源 S 沿波的傳播方向畫一些有箭頭的線，叫做波線，它們表示波的傳播方向。

波面：從波源出發，波動同時到達空間各點處單位質點的振動相位一定相同，由同相位各點所組成的面叫做波面。

波前（Wave front）：某一時刻波傳播到的最前面的波面叫波前或波陣面。

平面波：波面是平面的波叫做平面波。

球面波：波面是球面的波稱為球面波。

柱面波：波面是柱面的波稱為柱面波。

橫波與縱波　振動方向與傳播方向垂直的波動叫橫波，振動方向與傳播方向平行的波動叫縱波。

波的頻率　波動的頻率（或週期）在數值上等於波源振動的頻率（或週期），它的意義是指波動中所有質元（不再講質點）都具有相同的振動頻率（或週期），也說明了振動在介質中傳播時頻率不變。

波長　相鄰的兩同相位點之間的距離，叫做波長，一般用 λ 來表示。

相速（Phase velocity）與波速　在振動傳播過程中，某一振動狀態在單位時間內傳播的距離稱為波速，用 u 表示。它也是振動相位傳播的速度，所以又稱為相速。

波動方程　$\dfrac{\partial^2 y}{\partial x^2} = \dfrac{1}{u^2} \dfrac{\partial^2 y}{\partial t^2}$（$y$ 為振動位移，u 為波速）。

平面波動方程：

$$y(x, t) = A\cos(\omega t + \phi \mp kx)$$

式中，ϕ 為初相位，$k = 2\pi/\lambda$ 稱為波數，$\mp$ 符號中的負號表示平面簡諧波沿 x 軸正向傳播，正號表示平面簡諧波沿 x 軸負向傳播。

球面波動方程：點波源在各向同性的介質中產生的波面是球面，球面波的振幅隨傳播距離的增加而減小，故球面波的方程為

$$y\,(r,\,t) = \frac{A_1}{r}\cos\,(\omega t - kr)$$

式中，r 為點波源到某一波面的距離，或某一時刻波面的半徑。

彈性繩上的橫波速度：$u = \sqrt{\dfrac{T}{\rho_l}}$（$T$ 為繩的張力，ρ_l 是單位長度繩的質量，即線密度）。

固體棒中縱波的傳播速度：$u = \sqrt{\dfrac{E}{\rho}}$（$E$ 為楊氏模量（Young's modulus），ρ 是體密度）。

固體棒中橫波的傳播速度：$u = \sqrt{\dfrac{G}{\rho}}$（$G$ 為切變模量（Shear modulus），ρ 是體密度）。

一般情況下，因 $G < E$，所以固體中縱波的速度大於橫波的速度。

流體中的聲波的傳播速度：$u = \sqrt{\dfrac{K}{\rho_0}}$（$K$ 為體積模量，ρ_0 是無聲波時的流體密度）。

波的能量　在體積為 $\Delta V = \Delta S dx$（dx 是單位質量的長度，ΔS 是所取單位質量的截面積）的介質內，所有單位質量的動能 ΔE_k 與位能 ΔE_p 之和稱為波的能量。設 ΔV 內的質量為 Δm，密度為 ρ，E 為楊氏模量，則

波的動能：$\Delta E_k = \dfrac{1}{2}\Delta m v^2 = \dfrac{1}{2}\rho\Delta V A^2 \omega^2 \sin^2\left(\omega t + \phi - \dfrac{2\pi}{\lambda}x\right)$；

波的位能：$\Delta E_{\mathrm{p}} = \dfrac{1}{2}E\left(\dfrac{\partial y}{\partial x}\right)^2 \Delta V = \dfrac{1}{2}\rho\Delta V A^2\,\omega^2\sin^2\left(\omega t+\phi-\dfrac{2\pi}{\lambda}x\right)$；

波的總能量：$\Delta E = \rho\Delta V A^2\,\omega^2\sin^2\left(\omega t+\phi-\dfrac{2\pi}{\lambda}x\right)$。

波的能量密度　波動過程中，單位體積介質中的能量稱為波的能量密度，用 w 來表示。

$$w = \frac{\Delta E}{\Delta V} = \rho A^2\,\omega^2\sin^2\left(\omega t+\phi-\frac{2\pi}{\lambda}x\right)$$

波的平均能量密度：在波動過程中，空間某點處的介質能量密度隨時間週期性地變化。它在一個週期內的平均值稱為平均能量密度，用 $\overline{w}$ 表示，有

$$\overline{w} = \frac{1}{T}\int_0^T w\,dt = \frac{1}{2}\rho A^2\omega^2$$

上式說明，平面簡諧波的平均能量密度與波幅的平方、波頻率的平方和介質的密度成正比。

能流　波動過程中能量隨波傳播，我們把單位時間內通過介質中垂直於傳播方向的某一面積的能量稱為通過該面積的能流，用 P 表示，有

$$P = uSw = uS\rho A^2\omega^2\sin^2\left(\omega t+\phi-\frac{2\pi}{\lambda}x\right)$$

平均能流　能流 P 和 w 一樣是隨時間週期性地變化的。取其平均

值，則通過 S 面的平均能流為

$$\overline{P} = uS\overline{w} = \frac{1}{2}uS\rho A^2\omega^2$$

平均能流密度　通過垂直於波的傳播方向的單位面積的平均能流稱為平均能流密度，或稱波的強度。

波的強度　它描述了平均能流的空間分佈和方向及波動傳播能量的本領，用 I 來表示。則波的強度 I 為

$$I = \frac{\overline{P}}{S} = \overline{w}u = \frac{1}{2}\rho\omega^2 A^2 u$$

波的疊加原理　如果幾列獨立傳播的波在空間相遇，在相遇區域內的任一點的振動為各列波單獨存在時所引起的振動的合成，這種規律稱為波的疊加原理。

駐波　在同一介質中，兩列同波幅、同頻率、同振動方向的相干簡諧波在同一直線上沿相反的方向傳播時疊加而成的波，稱為駐波。如圖4-8 所示。

駐波的運算式：$y = y_1 + y_2 = A_0 \cos\left(\omega t - \dfrac{2\pi}{\lambda}x\right) + A_0 \cos\left(\omega t + \dfrac{2\pi}{\lambda}x\right)$

$$y = 2A_0 \cos\left(\frac{2\pi}{\lambda}x\right)\cos \omega t$$

式中，$\cos \omega t$ 表示簡諧振動，$2A_0 \cos\left(\dfrac{2\pi}{\lambda}x\right)$ 表示座標 x 處質元簡諧振動的振幅。

波幅位置的確定：當波幅滿足 $\left|\cos\left(\dfrac{2\pi}{\lambda}x\right)\right| = 1$ 時，即可確定波幅的位置

$$x = k\frac{\lambda}{2} \text{，} k = 0, \pm 1, \pm 2, \cdots$$

波節位置的確定：當波幅滿足 $\cos\left(\dfrac{2\pi}{\lambda}x\right) = 0$，波節對應的位置是

$$x = (2k + 1)\frac{\lambda}{4} \text{，} k = 0, \pm 1, \pm 2, \cdots$$

波在固定端上的反射　如圖 4-8 所示，當波沿一端固定的弦線上傳播時，在固定端 B 處發生反射，反射波有相位 π 的突變。

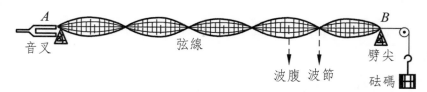

圖 4-8　駐波演示

半波損失　入射波在反射時有 π 的相位突變。由於 π 的相位突變相當於出現了半個波長的波程差，所以這種現象常稱為半波損失（Half-waveloss）。

　　波在自由端上的反射　傳播波的介質的一端，如果沒有加任何限制，該端的振動完全是自由的，則稱為自由端。波在自由端的反射沒有半波損失。

　　波在兩端固定弦線中的傳播　如果把一定長度 L 弦線的兩端固定，使它具有一定的張力，當撥動弦線時，弦線中就產生來回的波，它們在弦線上合成並形成駐波，固定的兩端是波節。由於駐波的波節之間的距離一定是 $\lambda/2$ 的整數倍，因此弦線長度 L 和弦線上駐波波長 λ 的關係是

$$L = n\frac{\lambda_n}{2} \text{，} n = 1, 2, 3, \cdots$$

λ_n 表示與某一 n 值對應的駐波波長。這說明不是任意波長的波都能在此弦線中形成駐波，只有那些波長滿足 $\lambda_n = 2L/n$ 的波才能在具有一定張力 F 的弦線上形成駐波。其頻率為

$$v_n = n\frac{u}{2L} \text{，} n = 1, 2, 3, \cdots$$

　　本征頻率：由上式可知，每一個頻率對應於整個弦線的一種可能的振動方式，這些頻率叫做弦振動的本征頻率。

　　簡正模式：由以上頻率決定的振動方式稱為弦線振動的簡正模式。

　　基頻：本征頻率中最低的頻率 v_1 稱為基頻。

　　諧頻：其他較高的頻率 $v_2, v_3, \cdots$ 都是基頻的整數倍，分別被稱為二次、三次諧頻等。

　　聲波：在彈性介質中傳播的機械縱波一般都稱為聲波。頻率在 20～20000 Hz 之間的聲波能引起人的聽覺，稱為可聞聲波，它就是我們平常所說的「聲波」。頻率高於 20000 Hz 的聲波叫超聲波，低於 20 Hz 的聲波叫次聲波。

　　聲速：聲波在空氣中的傳播速度，在標準情況下約為 331 m/s。

　　聲強：是聲波的平均能流密度。

　　聲強級：在頻率為 1000 Hz 時，一般正常人聽覺的最高聲強為 1 W·m^{-2}，最低聲強為 10^{-12} W·m^{-2}。通常把這一最低聲強作為測定聲強的標準，即 $I_0 = 10^{-12}$ W·m^{-2}。如果某聲波的聲強為 I，以 I 與 I_0 之比的對數值來量度聲波的強弱，用 L 表示，有

$$L = \lg \frac{I}{I_0}$$

L 稱為聲強 I 的聲強級，單位為 B（貝〔爾〕）。通常採用貝〔爾〕的 1/10，dB（分貝）為單位，1 B = 10 dB。此時的聲強級為

$$L = 10 \lg \frac{I}{I_0} \text{（dB）}$$

　　人耳感覺到的聲音響度與聲強級有一定的關係，聲強級越高，人耳感覺越響。表 4-1 給出了常遇到的一些聲音的聲強、聲強級和響度。

　　都卜勒效應（Doppler effect）　當波源和觀測者（下面稱作接收器）相對介質運動時，則接收器接收到的頻率與波源的振動頻率會出現

不同的現象，這種現象稱為都卜勒效應。

表 4-1　幾種聲音近似的聲強、聲強級和響度

聲源	聲強／(W·m^{-2})	聲強級／dB	響度
引起痛覺的聲音	1	120	
衝擊鑽	10^{-2}	100	震耳
交通繁忙的街道	10^{-5}	70	響
通常的談話	10^{-6}	60	正常
耳語	10^{-10}	20	輕
樹葉的沙沙聲	10^{-11}	10	極輕
引起聽覺的最弱聲音	10^{-12}	0	

　　波源和接收器相對於介質分別以速度 v_S 和 v_R 同時運動　波源的運動使得其運動前方的介質中波長變短，接收器的運動使得它在單位時間內接收範圍得到擴大。若波源和接收器相向運動（$v_S < u$），設 v_S 為波源的振動頻率，從而可得到接收器接收到的頻率為

$$v_R = \frac{u + v_R}{u - v_S}v_S$$

接收器接收的頻率大於波源頻率。同理，當波源和接收器彼此離開時，接收器接收的頻率 v_R 為

$$v_R = \frac{u - v_R}{u + v_S} v_S$$

它接收的頻率小於波源頻率。

第五章　狹義相對論

5.1　相對論運動學

狹義相對論基本原理

(1)相對性原理：牛頓力學規律在一切慣性系中形式相同，或一切慣性系對力學規律平權。

(2)光速不變原理：在任一慣性系中測得光在真空中的速度都是 c，與發射體的運動狀態無關。

事件　任何一現象就稱為一個事件。物體的運動可以看作一連串事件的發展過程，事件可以有各種具體內容，例如某地發生交通事故，飛機到達北京機場，但它總是在某時某地發生的，因此一般用四個座標 (x, y, z, t) 代表一個事件。

同時性的相對性　在慣性系 S 中有處在不同位置（簡稱異地）的兩事件同時發生，在相對於此慣性系運動的另一慣性系中觀察，這兩事件並不是同時發生的，所以同時具有相對性。

固有時（Proper time）　在某一慣性系中同一地點先後發生的兩個事件之間的時間間隔，稱為固有時。

時鐘延緩　一個運動時鐘的「1 秒」比一系列靜止時鐘的「1 秒」長，這稱為「時鐘延緩」。時鐘延緩是一種相對效應。

$$\Delta t = \frac{\Delta t'}{\sqrt{1 - \dfrac{u^2}{c^2}}}$$

式中，$\Delta t'$ 是觀察者站在 S' 系中看到同一地點發生的兩事件的時間間隔，Δt 是觀察者站在 S 系中看到上述兩事件的時間間隔。因 $u^2/c^2 < 1$，所以由上式知固有時 $\Delta t'$ 最短。

　　長度收縮　一根長度為 L_0 的細棒平行靜置於慣性系 S' 的 x 軸上，且 S' 系相對於 S 系沿 x 軸以等速度 u 運動，站在 S 系的觀察者看到細棒的長度並不是 L_0，而是比 L_0 要短，這種出現長度變化的現象，稱為長度收縮。即

$$L = L_0 \sqrt{1 - \frac{u^2}{c^2}}$$

式中，L 是觀察者看到細棒的動長。

　　洛倫茲變換　洛倫茲變換是在不同的慣性參考系上觀察同一事件的時空座標間的變換關係。設有兩慣性系 S' 和 S，它們對應軸相互平行，且 S' 系以速度 u 沿 x 軸正方向勻速運動。當 $t = t' = 0$ 時，兩個慣性系的座標原點重合，如發生某一事件，從 S 系看來，是 t 時刻在 (x, y, z) 處發生；從 S' 系看來，是 t' 時刻在 (x', y', z') 處發生。它們之間的變換關係為

$$x' = \frac{x - ut}{\sqrt{1 - \dfrac{u^2}{c^2}}} \text{，} \ y' = y \text{，} z' = z \text{，} t = \frac{t - \dfrac{u}{c^2}x}{\sqrt{1 - \dfrac{u^2}{c^2}}}$$

相對論速度變換公式 設 v_x, v_y, v_z 為物體相對 S 慣性系的速度，S' 系相對 S 系沿 x 方向以速度 u 運動，則速度變化關係為

$$v_x' = \frac{v_x - u}{1 - \frac{uv_x}{c^2}} \text{ , } v_y' = \frac{v_y}{1 - \frac{uv_x}{c^2}} \sqrt{1 - \frac{u^2}{c^2}} \text{ , } v_z' = \frac{v_z}{1 - \frac{uv_x}{c^2}} \sqrt{1 - \frac{u^2}{c^2}}$$

5.2 相對論動力學

相對論質量 $m = \dfrac{m_0}{\sqrt{1 - \dfrac{v^2}{c^2}}}$。

式中，m_0 表示靜止質量，m 表示運動質量，v 表示物體的運動速度。

相對論動量 $\boldsymbol{p} = m\boldsymbol{v} = \dfrac{m_0}{\sqrt{1 - \dfrac{v^2}{c^2}}}\boldsymbol{v}$。

相對論能量 $E = mc^2 = E_k + m_0 c^2$（$E_0 = m_0 c^2$ 表示物體處於靜止所具有的能量）。

動量和能量的關係 $E^2 = p^2 c^2 + m_0^2 c^4$。

相對論動量和能量的變換式 $p_x' = \gamma \left(p_x - \dfrac{\beta E}{c} \right)$，$p_y' = p_y$，$p_z' = p_z$，$E' = \gamma (E - \beta c p_x)$，式中，$\beta = \dfrac{u}{c}$，$\gamma = \dfrac{1}{\sqrt{1 - \beta^2}}$。

相對論力的變換式

$$F_x = \frac{F_x' + \dfrac{\beta}{c}\boldsymbol{F'} \cdot \boldsymbol{v'}}{1 + \dfrac{\beta}{c}v_x'} \ , \ F_x = \frac{F_y'}{\gamma\left(1 + \dfrac{\beta}{c}v_x'\right)} \ , \ F_z = \frac{F_z'}{\gamma\left(1 + \dfrac{\beta}{c}v_x'\right)} \ \circ$$

第 2 篇

熱　學

第一章　熱與溫度

1.1　熱與狀態

熱運動　宏觀物體是由大量微觀粒子（分子或原子）構成的，它們永遠處於與溫度有關的無規則運動狀態之中。這種大量微觀粒子的無規則運動稱為熱運動。

熱現象　與物體冷熱程度有關的物理性質及狀態的變化統稱為熱現象。例如，熱膨脹、熱傳導等。

熱能　熱能是能量的一種形式，並且是內能的一部分。從分子運動論的觀點看，熱能就是物質系統中分子熱運動的動能之和。所以熱能是從內能中分離不出來的。

熱力學系統　熱力學研究的物件稱為熱力學系統，簡稱系統。

熱力學系統的分類　根據系統與外界的關係，熱力學系統可分為三類：

(1)孤立系統：與外界沒有任何相互作用的系統；

(2)封閉系統：與外界沒有物質交換，但有能量交換的系統；

(3)開放系統：與外界既有物質交換，又有能量交換的系統。

外界　熱力學系統以外的物體稱為外界。

平衡態　不受外界影響的條件下，一個系統的宏觀性質不隨時間改

變的狀態稱為系統的平衡態。

熱平衡：如果兩個系統發生熱接觸後，它們各自原先的平衡態都遭到了破壞，經過一定時間後，兩個系統的狀態不再變化，說明它們達到了一個共同的平衡態，這個平衡態稱為熱平衡狀態。

漲落（Fluctuation） 對統計規律的偏離現象稱為漲落，分子數越多，漲落就越小。

狀態參量 是用來描述系統平衡態的變數，通常把狀態參量分為宏觀量和微觀量。

宏觀量：從整體上描述系統的狀態量，一般是可以直接測量的。如 M（質量），V（體積），E（能量）等可以累加，又稱為廣延量。p, T 等不可累加，稱為強度量。

微觀量：描述系統內微觀粒子的物理量。如分子的質量 m，直徑 d，速度 v，動量 p，能量 $\bar{\varepsilon}$，平均自由程 $\bar{\lambda}$ 等。

狀態方程 平衡態下，狀態參量間的函數關係，稱為狀態方程。如理想氣體狀態方程。

熱力學第零定律 分別與第三個系統處於同一熱平衡態的兩個系統，必然也處於熱平衡。這個結論就稱為熱力學第零定律。並為溫度的建立提供了理論基礎。

1.2 溫度

溫度 是表示物體的冷熱程度。從宏觀上看，溫度是表示熱平衡系統所具有的共同宏觀性質；從微觀上看，溫度是標誌分子熱運動的劇烈程度。

溫標 溫度的數值表示方法。建立一種溫標需要確定測溫物質和測溫屬性，選定標準點並規定其數值。常用的溫標有攝氏溫標、華氏溫標和熱力學溫標等，如圖 1-1 所示。

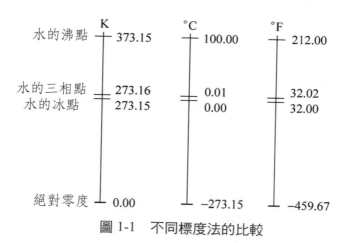

圖 1-1　不同標度法的比較

攝氏（Celsius）溫標 在一個標準大氣壓下，選擇純冰和純水為 0 度，沸點為 100 度，在 0～100 度之間等分為 100 份，每等份就是攝氏

1 度。用攝氏溫標確定的溫度，稱為攝氏溫度，一般用 t 表示。它的單位是攝氏度，簡稱度，用符號℃表示。攝氏溫度 t 與開氏溫度 T 的換算關係為

$$t = T - 273.15$$

華氏（Fahrenheit）溫標　在一個標準大氣壓下，選擇純冰和純水為 32.0 度，沸點為 212.0 度，在 32.0～212.0 度之間等分為 180 份，每等份就是華氏 1 度。用華氏溫標確定的溫度，稱為華氏溫度，一般用 t_F 表示。它的單位為華氏度，用符號℉表示。華氏溫度 t_F 與攝氏溫度 t 的換算關係為

$$t_F = 32.0 + \frac{9}{5}t$$

熱力學溫標　它是建立在卡諾迴圈基礎上的一種科學的理想溫標，並被國際上規定為最基本的溫標。在一個標準大氣壓下，選擇水的三相點（純冰、純水和純汽）的溫度為 273.16 K，1 K ＝ 1/273.16。用熱力學溫標所確定的溫度，稱為熱力學溫度或絕對溫度，一般用 T 表示。它的單位是 K（克耳文）（Kelvin）。

理想氣體溫標　用理想氣體的波以耳定律，可以給出理想氣體溫標。定義理想氣體溫標 T，使 $pV \propto T$，國際上把水的三相點作為固定點，並規定它的溫度為 273.16 K。如果氣體在三相點的壓強為 p_{tr}，體積

為 V_{tr}，則待測系統的溫度為

$$T = 273.16 \frac{pV}{p_{tr}V_{tr}} \mathrm{K}$$

但用上式所測得的溫度值，除水的三相點外，都隨所用氣體的不同而有很小的差別。在壓力趨於零時，由不同氣體所建立的溫標將趨於一個共同的極限值

$$\lim_{p_{tr} \to 0} \frac{P}{P_{tr}} 。$$

這個極限溫標就是理想氣體溫標，簡稱氣體溫標。

定壓氣體溫標 當氣體壓力 p 恆定時，$T = 273.16 \lim_{p \to 0} \dfrac{V}{V_{tr}} \mathrm{K}$ 即待測系統的溫度隨氣體體積 V 的變化而改變。

定容氣體溫標 當氣體體積 V 恆定時，$T = 273.16 \lim_{p_{tr} \to 0} \dfrac{p}{p_{tr}} \mathrm{K}$ 即待測系統的溫度隨氣體壓力 p 的變化而改變。

第二章　氣體分子運動論

2.1　理想氣體的描述

氣體分子運動論　是以系統中分子（或原子）的熱運動狀態的認識出發，找出同一系統的微觀量和宏觀量之間存有的內在聯繫，以說明或預測氣體的宏觀性質。

氣體分子的熱運動　氣體分子熱運動的基本特徵是大量氣體分子的永不停息的無規則運動，是一種比較複雜的與機械運動有本質區別的物質運動形式。

理想氣體　理想氣體是對壓力不太大、溫度不太低條件下真實氣體的理想化，是一種嚴格遵守狀態方程 $pV = vRT$（v 為莫耳數）的氣體。

理想氣體狀態方程　對於質量一定的理想氣體，在平衡狀態下，壓強 p，體積 V 和溫度 T 之間的關係就稱為理想氣體的狀態方程。即

$$\frac{pV}{T} = C \text{（C為常數）} \quad \text{或} \quad pV = \frac{M}{\mu}RT \text{（或 $pV = vRT$）}$$

式中，M, v 和 μ 分別是氣體的質量、莫耳數和莫耳質量，R 為理想氣體常數。

理想氣體常數（Ideal gas constant）：是表示理想氣體性質的一個常

數，又稱通用氣體常數、普適氣體常數。它被定義為

$$R = \frac{p_{tr} V_{tr}}{273.16\,\mathrm{K}}$$

其中，p_{tr} 表示在水的三相點的壓力大小，V_{tr} 表示 1 mol 理想氣體在水的三相點時的體積。上式還可以表示為

$$R = \frac{p_0 V_0}{273.15\,\mathrm{K}} = \frac{1\,\mathrm{atm} \cdot 22.4 \times 10^{-3}\,\mathrm{m^3/mol}}{273.15\,\mathrm{K}} = 8.31\ (\mathrm{J/mol \cdot K})$$

混合理想氣體狀態方程　設混合理想氣體中包含 n 個組分的氣體，它們的質量分別為 $M_1, M_2, \cdots, M_n$，莫耳質量分別為 $\mu_1, \mu_2, \cdots, \mu_n$，那麼這個系統在平衡態下，總體積 V，壓力 p 和溫度 T 之間的關係為

$$pV = \left(\frac{M_1}{\mu_1} + \frac{M_2}{\mu_2} + \cdots + \frac{M_n}{\mu_n} \right) RT$$
$$pV = (v_1 + v_2 + \cdots + v_n) RT = vRT$$

v 為混合氣體的總物質的量。上式為混合理想氣體的狀態方程。

氣體分子的平均平動動能　$\bar{\varepsilon}_t = \frac{1}{2} m \overline{v^2}$

理想氣體的壓力公式　$p = \frac{1}{3} mn\overline{v^2} = \frac{2}{3} n\bar{\varepsilon}_t$

式中 m 為氣體分子的質量，n 為單位體積內的分子數，$\overline{v^2}$ 為氣體分子的平方平均速度。

溫度的表示及意義　由氣體分子的壓力公式和狀態方程 $p = nkT$，得

$$\bar{\varepsilon}_t = \frac{3}{2}kT$$

由上式可看出，溫度是氣體分子平均平動動能的量度。是一個統計概念，只能用於大量分子，是標示物體內部分子無規則運動的劇烈程度。

亞佛加厥常數　是 1 莫耳任何物質中所包含的分子數（或原子數），一般用 N_0 表示，其值為

$$N_0 = 6.02 \times 10^{23}/\text{mol}$$

波茲曼常數　它是理想氣體常數 R 與亞佛加厥常數 N_0 之比，通常用 k 表示，其值為

$$k = 1.38 \times 10^{-23} \text{ J/K}$$

道爾頓分壓定律　混合氣體的壓力等於各組分氣體的分壓力之和。即

$$p = p_1 + p_2 + \cdots + p_n$$

自由度　確定一個物體在空間的位置所需要的獨立座標數。例如，一個質點沿著某一條直線運動，它的自由度為 1；如果在一個平面上運

動，它的自由度為 2；如果在空間自由運動，它的自由度為 3；若是一個剛體在空間自由運動，它的自由度為 6。

分子自由度　就是確定一個分子在空間的位置所需要的獨立座標數。根據分子的運動形式，分子的自由度可分為平動自由度 t、轉動自由度 r 和振動自由度 s。其總自由度

$$i = t + r + s$$

對不同運動形式的分子，其總自由度是不同的。對於

單原子分子：因為它只有平動，故有 3 個自由度，$i = t = 3$。

雙原子分子：又分為剛性雙原子分子和彈性雙原子分子。

剛性雙原子分子：除了可以平動外，還可以轉動。所以它有 3 個平動自由度，2 個轉動自由度，即 $i = t + r = 5$。

彈性雙原子分子：它除了可以作平動、轉動外，還可以沿兩原子的連線振動，所以它有 3 個平動自由度，2 個轉動自由度和 1 個振動自由度，即 $i = t + r + s = 6$。

多原子分子：設一個分子由 N 個原子組成，它的總自由度 $i = 3N$，其中，平動自由度 $t = 3$，轉動自由度 $r = 3$，振動自由度 $s = 3N - 6$。

能量按自由度均分定理　由經典統計力學描述的氣體在絕對溫度 T 時處於平衡，分子的每一個自由度都具有相同的平均動能，其大小都等於 $\frac{1}{2}kT$。這就是能量按自由度均分定理，簡稱能量均分定理（Equipartition theorem）。

氣體分子速率分佈函數 在一個處於平衡態的氣體系統中，設總分子數為 N，那麼分佈於速率 v 附近單位速率區間（$v\sim v+\mathrm{d}v$）內的分子數占總分子數的百分比（或比率），在一定溫度下是速率 v 的確定函數，即

$$\frac{\mathrm{d}N}{N\mathrm{d}v} = f(v)$$

這個函數就稱為氣體分子的速率分佈函數。

馬克士威速率分佈律 平衡態下，氣體分子速率在 $v\sim v+\mathrm{d}v$ 速率區間內的分子數占總分子數的百分比，或者說分子處於此 $\mathrm{d}v$ 區間的機率為

$$\frac{\mathrm{d}N_v}{N} = f(v)\mathrm{d}v = 4\pi\left(\frac{m}{2\pi kT}\right)^{3/2}v^2\mathrm{e}^{-\frac{mv^2}{2kT}}\mathrm{d}v$$

馬克士威速率分佈曲線 圖 2-1 顯示了同一種理想氣體不同溫度下的 $f(v)\sim v$ 的分佈曲線，圖中曲線下寬度為 $\mathrm{d}v$ 的小窄條陰影面積就等於溫度為 T_1 平衡態氣體中在該區間內的分子數占總分子數的百分比 $\mathrm{d}N_v/N$。由圖可看出，曲線從原點出發，隨著速率的增大，分佈函數迅速增大並達到極大值。以後隨著速率的增大，分佈函數又迅速減小，並沿向無窮遠處逐漸趨於零。對於一定種類的氣體，分佈曲線的形狀隨著溫度的不同而異。溫度越高，分子運動越劇烈，大速率的分子數越多，曲線向右展寬，但由於曲線下面的面積是恆定的，所以曲線的峰值必然減小，曲線變得較平坦。

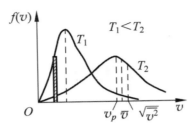

圖 2-1　速率分佈曲線

歸一化（Normalization）**條件**　$\int_0^\infty f(v)\,\mathrm{d}v = 1$。

　　三種特殊速率　應用馬克士威速率分佈率可以求出與氣體分子速率分佈有關的許多物理量，為了描述系統氣體分子在空間的分佈和運動情況，引入以下三種速率。

分子的最概然速率（Most probable speed）：當氣體處於平衡態時，分子速率分佈函數的極大值所對應的速率，稱為最概然速率，又稱最可機速率。其運算式如下

$$v_\mathrm{p} = \sqrt{\frac{2kT}{m}} = \sqrt{\frac{2RT}{\mu}} \approx 1.41\sqrt{\frac{RT}{\mu}}$$

式中，m 為分子的質量，μ 為氣體的莫耳質量，T 為氣體的溫度。

　　分子的平均速率：當氣體處於平衡態時，分子熱運動的速率的平均值就稱為氣體分子的平均速率。設理想氣體的分子數為 N，由速率分佈函數可求得平均速率為

$$\bar{v} = \left(\sum_{i}^{N} N_i\, v_i\right)/N = \int_0^\infty v f(v) dv = \sqrt{\frac{8kT}{\pi m}} = \sqrt{\frac{8RT}{\pi \mu}} = 1.6\sqrt{\frac{RT}{\mu}}$$

分子的方均根速率：當氣體處於平衡態時，分子熱運動速率平方的平均值再開平方根，稱為方均根速率。由分佈函數可得分子速率平方的平均值為

$$\overline{v^2} = \left(\sum_{i}^{N} N_i\, v_i^2\right)/N = \int_0^\infty v^2 f(v) dv = \frac{3kT}{m}$$

所以氣體分子的方均根速率為

$$\sqrt{\overline{v^2}} = \sqrt{\frac{3kT}{m}} = \sqrt{\frac{3RT}{\mu}} = 1.73\sqrt{\frac{RT}{\mu}}$$

馬克士威速度分佈律　處於平衡態的理想氣體，儘管某一時刻單個分子的運動方向、速度大小是偶然事件，但大量氣體分子按速度的分佈有著確定的統計規律，這個規律現在叫馬克士威速度分佈律。即

$$\frac{dN_v}{N} = g\,(v)\,dv = \left(\frac{m}{2\pi kT}\right)^{3/2} e^{-\frac{mv^2}{2kT}} dv$$

式中，$g\,(v)$為速度分佈函數。

波茲曼分佈律（Boltzmann distribution）　當氣體在保守力場中處於平衡態時，分佈於座標空間$x \sim x + dx$、$y \sim y + dy$、$z \sim z + dz$內所包含各

種可能速度的分子數為

$$dN = n_0 e^{-E_p/kT} dx\, dy\, dz$$

其中，E_p 表示分子的位能，n_0 表示分子位能 $E_p = 0$ 處單位體積內所包含的各種速度的分子數，T 為氣體的溫度。上式表示的規律就稱為波茲曼分佈律，它還可簡化為

$$n = n_0 e^{-E_p/kT}$$

式中，$n = \dfrac{dN}{dx dy dz}$ 表示分佈於座標空間（$x \sim x + dx$、$y \sim y + dy$、$z \sim z + dz$）內單位體積的分子數。

重力場中氣體分子按高度的分佈　當 $E_p = mgh$ 時，取地面（$h = 0$）的重力位能為 0，單位體積內的分子數為 n_0，則距離地面高度為 h 時，其單位體積內的分子數為

$$n = n_0 e^{-mgh/kT}$$

等溫氣壓公式　取地面（$h = 0$）的大氣壓為 p_0，則在高度 h 處的大氣壓可表示為

$$p = p_0 e^{-mgh/kT}$$

上式是在大氣溫度不變的情況下推導出來的，所以稱為等溫氣壓公式。

分子的平均自由程　是每個分子在任意兩次連續碰撞之間所通過的自由路程的平均值。稱為平均自由程，一般用$\bar{\lambda}$表示。儘管頻繁碰撞中一個分子的自由程大小出現是一個偶然事件，是隨機的，但我們可以利用統計平均方法確定分子自由程的平均值，其運算式為

$$\bar{\lambda} = \frac{1}{\sqrt{2}\pi d^2 n}$$

式中，d表示分子的有效直徑，n表示單位體積內的分子數。

分子的有效直徑d：在討論氣體分子碰撞時，常常把氣體看作是由若干個直徑為d的剛性小球組成，並且認為，當兩個分子中心的間距為d時就發生了碰撞，d被定義為有效直徑。實際上，在分子碰撞時，其分子相互接近的速率往往不同，所以分子碰撞時其中心所能到達的最小間距的平均值，並不是分子的真正大小，故稱為有效直徑。

分子的平均碰撞頻率　把一個分子單位時間內和其他分子平均碰撞的次數稱為平均碰撞頻率，記為$\bar{Z}$。由於分子的平均速率$\bar{v}$代表單位時間內運動的平均路程，所以有

$$\bar{Z} = \sqrt{2}\pi d^2 \bar{v} n$$

2.2 實際氣體的描述

實際氣體 組成氣體系統的分子不僅具有一定的體積，而且分子之間存在著相互作用力，這種氣體就稱為實際氣體。在高溫低壓下，實際氣體的一些行為與理想氣體就很接近了。

凡得瓦方程式（van der Waals equation） 是描述實際氣體的行為和性質的狀態方程式之一。該方程式是在理想氣體狀態方程式的基礎上，考慮了氣體分子自身的體積和分子間的相互作用力而建立起來的。對於 1 莫耳的實際氣體，凡得瓦方程式為

$$\left(p + \frac{a}{v^2}\right)(v - b) = RT$$

對於質量為 M，莫耳質量為 μ（或 $v = M/\mu$ 莫耳）的實際氣體，其凡得瓦方程式為

$$\left(p + \frac{M^2}{\mu^2}\frac{a}{V^2}\right)\left(V - \frac{M}{\mu}b\right) = \frac{M}{\mu}RT$$

式中，v 為 1 mol 氣體的體積，$V = vv, a, b$ 為凡得瓦常數，對於不同的氣體，常數大小是不同的，並且與溫度和壓力有關。一般由實驗給出，表 2-1 列出了一些氣體的 a, b 值。

表 2-1　一些氣體的 a、b 值

氣體種類	$a/\text{atm} \cdot \text{m}^6 \cdot \text{mol}^{-2}$	$b/\text{m}^3 \cdot \text{mol}^{-1}$
He	0.034×10^{-6}	23.7×10^{-6}
H_2	0.244×10^{-6}	26.6×10^{-6}
Ar	1.34×10^{-6}	31.6×10^{-6}
O_2	1.36×10^{-6}	31.8×10^{-6}
N_2	1.39×10^{-6}	38.5×10^{-6}

實際氣體等溫線　根據凡得瓦方程式畫出的等溫線，稱為凡得瓦方程式等溫線或叫實際氣體等溫線。實際氣體的等溫線可以分成四個區域：汽態區（能液化），汽液共存區，液態區，氣態區（不能液化）。如圖 2-2 所示。

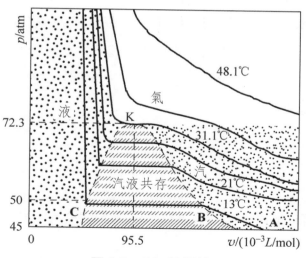

圖 2-2　CO_2 等溫線

2.3 氣體內的輸運過程

輸運過程 氣體由非平衡態向平衡態的轉變過程，就稱為輸運過程。常見的輸運過程有黏滯現象、熱傳導現象、擴散現象。輸運過程的產生是由於氣體系統內部某種物理量的不均勻，造成了某種物理量的遷移，所以稱輸運。例如，當氣體記憶體在流速不同時，由於氣體內大量分子無規則運動定向輸運動量，從而產生了宏觀上的黏滯現象；當氣體記憶體在密度不均勻時，由於氣體內大量分子無規則運動定向輸運質量，從而產生擴散現象；當氣體記憶體在溫度不均勻時，由於氣體內大量分子無規則運動定向輸運熱量，從而產生熱傳導現象。

黏滯現象 當氣體各層流速不同時，任意相鄰兩層氣體之間將產生相互作用力，以阻礙各流層之間的相對運動，這種現象就稱為黏滯現象。其相互作用力稱為黏滯力或內摩擦力。氣體的黏滯係數通常用 η 表示，其單位是 Pa·s。運算式為

$$\eta = \frac{1}{3}\rho \bar{v}\bar{\lambda}$$

式中，ρ 為氣體的密度，$\bar{v}$ 為氣體分子熱運動的平均速率，$\bar{\lambda}$ 為氣體分子的平均自由程。

熱傳導現象　當氣體內各處溫度不均勻時，就形成了熱量從高溫部分向低溫部分的傳遞，這種現象稱為熱傳導現象。氣體的熱傳導係數通常用κ表示，其單位是 W/m · K。運算式為

$$\kappa = \frac{1}{3}\rho\,\overline{v}\overline{\lambda}C_V$$

式中，C_V 為氣體的定容比熱。

擴散現象　當氣體記憶體在密度不均勻時，就形成了氣體分子從密度大的地方向密度小的地方遷移，這種遷移就稱為擴散現象。氣體的擴散係數通常用 D 表示，其單位是 m²/s。運算式為

$$D = \frac{1}{3}\,\overline{v}\overline{\lambda}$$

此式給出了擴散係數這一宏觀量與微觀量的統計平均值 $\overline{v}$、$\overline{\lambda}$ 之間的關係，從而揭示了這一係數的微觀實質。

現將一些常見氣體在標準狀態下的黏滯係數、熱傳導係數和擴散係數的實驗資料列於表 2-2。

表 2-2　氣體在標準狀態下的 η、κ、D 實驗值

氣體種類	$\eta/\mathrm{kg \cdot m^{-1} \cdot s^{-1}}$	$\kappa/\mathrm{kg \cdot m^{-1} \cdot s^{-1}}$	$D/\mathrm{kg \cdot m^{-1} \cdot s^{-1}}$
H_2	0.84×10^{-5}	16.8×10^{-2}	12.8×10^{-5}
O_2	1.89×10^{-5}	2.42×10^{-2}	1.81×10^{-5}
N_2	1.66×10^{-5}	2.37×10^{-2}	1.78×10^{-5}
CO_2	1.39×10^{-5}	1.49×10^{-2}	0.97×10^{-5}

第三章 熱力學基礎

3.1 熱力學第一定律

熱力學 從能量轉化角度出發，不涉及物質結構和微觀粒子的相互作用，依據對大量熱現象的直接觀測而總結出的幾個基本規律（熱力學第零定律、第一定律、第二定律及第三定律），採用邏輯推理方法探討各種熱過程中的熱現象，這就是熱學的宏觀理論——熱力學。

熱力學過程 是指熱力學系統從一個平衡態向另一個平衡態的過渡，或者說熱力學狀態隨時間的變化過程。

準靜態過程 在過程進行的任意時刻，系統都無限地接近平衡態，這樣的過程就稱為準靜態過程。它是一個無限緩慢進行的過程，在 p-V 圖上可用一條實線來表示。

熱力學第一定律 在任一熱力學過程中，一個封閉系統從外界所吸收的熱量 Q，在數值上等於該過程中系統內能的增量 ΔE 及系統對外做功之和。其數學運算式為

$$Q = (E_2 - E_1) + A$$

它是能量轉化與守恆定律在涉及熱現象的宏觀過程中的具體表現。它的

另外一種表述是「第一類永動機是不可能製成的」。

內能 是熱力學系統所具有的由狀態決定的能量。從分子運動論的觀點看，一般氣體除氣體分子具有動能外，還有與分子間保守分子力相聯繫的分子位能，它的內能是所有分子的熱運動的能量和與分子位能的總和，是溫度和體積的函數 $E = E(T, V)$。

功 是能量改變的量度，是不同運動形式能量轉化的一種方式，「對系統做功」是熱力學系統與外界相互作用中交換能量的一種過程。外界對系統做功，如果是機械功（$f \cdot dl$）或者是電流功（$I^2 R dt$），使系統內能增加的話，是把物質有向（有序）運動的機械能或電能轉化成系統對應分子無規則熱運動（無序）形式的內能。

熱量 對於兩個溫度不同的物體相互接觸達到熱平衡時，一定有能量從高溫物體傳向了低溫物體，這種傳遞熱運動能量的方式稱為熱傳遞，傳遞的能量叫熱量。

熱傳遞 就是熱量的傳遞，也稱傳熱，是能量轉移的一種方式。熱傳遞有熱傳導、對流和熱輻射三種途徑。在實際傳熱過程中，這三種途徑往往是相伴進行的。

熱傳導：是由於物體內部大量分子、原子或電子的相互碰撞，進而使熱量從物體溫度高的部分傳向溫度低的部分的過程。它是固體中熱傳遞的主要方式。

對流：是流體中較熱的部分和較冷的部分之間通過迴圈流動，進而使各部分溫度均勻的過程。它是流體中熱傳遞的主要方式。

熱輻射：是受熱物體以電磁輻射的形式向外界傳送能量的過程。物

體溫度越高,其輻射能力越強,輻射的電磁波波長就越短。

熱功當量(Mechanical equivalent of heat) 熱量以卡為單位時與功之間的數值換算關係就稱為熱功當量。焦耳首先用實驗確定了這種關係。其換算關係為

$$1 \text{ cal} = 4.186 \text{ J}$$

熱容 在一定的熱力學過程中,當系統的溫度升高(或降低)1 K時吸收或放出的熱量就稱為該過程的熱容,其數學運算式為

$$C = \frac{\mathrm{d}Q}{\mathrm{d}T}$$

式中,$\mathrm{d}Q$ 表示系統溫度升高 $\mathrm{d}T$ 時,系統從外界吸取的熱量,單位是J/K。熱容不僅與系統升高單位溫度所吸收或放出的熱量有關,而且與所含物質的量也有關係。

莫耳熱容(Molar heat capacity):1 mol 物質升高(或降低)1 K時吸收(或放出)的熱量稱為該過程的莫耳熱容,一般用 C_m 來表示。即

$$C_m = \frac{1}{v} \frac{\mathrm{d}Q}{\mathrm{d}T}$$

式中,v 為莫耳數。莫耳熱容根據系統所經歷的過程,又分為定容莫耳熱容和定壓莫耳熱容。

定容莫耳熱容：系統在定容過程中溫度升高（或降低）1 K 時吸收（或放出）的熱量，稱為該過程的莫耳熱容，一般用 $C_{V,\text{m}}$ 來表示。即

$$C_{V,\text{m}} = \frac{1}{v}\left(\frac{\text{d}Q}{\text{d}T}\right)_V$$

定壓莫耳熱容：系統在等壓過程中溫度升高（或降低）1 K 時吸收或放出的熱量，稱為該過程的莫耳熱容，一般用 $C_{p,\text{m}}$ 來表示。即

$$C_{p,\text{m}} = \frac{1}{v}\left(\frac{\text{d}Q}{\text{d}T}\right)_p$$

梅爾公式（Mayer formula）：$C_{p,\text{m}} = C_{V,\text{m}} + R$。

比熱（Specific heat）：1 kg 物質升高（或降低）1 K 時吸收（或放出）的熱量就稱為該過程的比熱，一般用 C_M 來表示。即

$$C_M = \frac{1}{M}\frac{\text{d}Q}{\text{d}T}$$

式中，M 為系統的總質量。

3.2　迴圈過程

等容過程（Isochoric process）　系統體積保持不變的過程叫等容過程。如圖 3-1 所示，等容過程在 p-V 圖上是平行於 p 軸的一條直線。

過程方程：$\dfrac{p_1}{T_1} = \dfrac{p_2}{T_2}$。

能量轉化：$Q = E_2 - E_1 = vC_{V,\mathrm{m}}(T_2 - T_1)$。

上式說明：在等容過程中，系統從外界吸收的熱量全部用於系統內能的增加。

等壓過程（Isobaric process）　系統壓力保持不變的過程叫等壓過程。如圖 3-2 所示，等壓過程在 p-V 圖上是平行於 V 軸的一條直線。

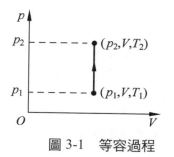

圖 3-1　等容過程

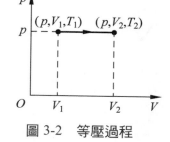

圖 3-2　等壓過程

過程方程：$\dfrac{V_1}{T_1} = \dfrac{V_2}{T_2}$。

能量轉化：$Q = E_2 - E_1 + A = vC_{p,m}(T_2 - T_1)$。

上式說明：在等壓過程中，系統從外界吸收的熱量 Q，一部分用於系統內能的增加，一部分用來對外做功。

等溫過程（Isothermal process） 系統溫度保持不變的狀態變化過程叫做等溫過程。如圖 3-3 所示，等溫過程在 p-V 圖上是一條雙曲線。

過程方程：$p_1 V_1 = p_2 V_2$ 或 $pV = C$（C 為常數）。

能量轉化：$Q = A = vRT\ln(V_2/V_1)$。

上式說明：在等溫過程中，系統從外界吸收的熱量 Q，全部用於對外做功。

絕熱過程（Adiabatic process） 系統與外界沒有熱量交換的狀態變化過程叫絕熱過程，它是熱力學中一個重要的過程。絕熱過程在 p-V 圖上是一條與等溫線形狀相近的曲線，如圖 3-4 中的實線。

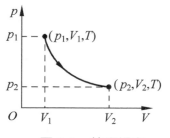

圖 3-3　等溫過程

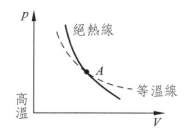

圖 3-4　絕熱線與等溫線的比較

過程方程：$pV^\gamma = C$。

式中，C 為常數，$\gamma = C_{p,m}/C_{V,m}$。

能量轉化：$E_2 - E_1 = -A = A'$。

上式說明：在絕熱過程中，外界對系統所做的功 A' 全部用於系統內能的增加。

多方過程（Polytropic process） 如果系統所經歷的過程既不屬於等溫，也不屬於絕熱，而是介於兩者之間的過程，這樣的過程就稱為多方過程。其過程方程為

$$pV^n = C（C 為常數）$$

式中，n 為多方指數，且 $1 < n < \gamma$。

表 3-1 列出了以上各種過程中理想氣體的狀態變化規律。

表 3-1 各種過程中理想氣體狀態參量之間的關係

過程	特點	準靜態過程方程	準靜態過程的功	內能的變化	吸收的熱量
等體	$dV=0$	$p_1/T_1 = p_2/T_2$	$A=0$	$\Delta E = vC_{V,m}\Delta T$	$Q = \Delta E$
等壓	$dp=0$	$V_1/T_1 = V_2/T_2$	$A = p(V_2 - V_1)$	$\Delta E = vC_{V,m}\Delta T$	$Q = vC_{p,m}\Delta T$
等溫	$dT=0$	$p_1V_1 = p_2V_2$	$A = vRT\ln\dfrac{V_2}{V_1}$	$\Delta E = 0$	$Q = A$
絕熱	$dQ=0$	$p_1V_1^\gamma = p_2V_2^\gamma$	$A = \dfrac{1}{\gamma-1}(p_1V_1 - p_2V_2)$	$\Delta E = vC_{V,m}\Delta T$	$Q=0$
多方		$p_1V_1^n = p_2V_2^n$	$A = \dfrac{1}{n-1}(p_1V_1 - p_2V_2)$	$\Delta E = vC_{V,m}\Delta T$	$Q = vC_{V,m}\Delta T - v\dfrac{R}{n-1}\Delta T$
絕熱自由膨脹	$dQ=0$ $dA=0$	非準靜態過程	非準靜態過程 $A=0$	$\Delta E = 0$ $\Delta T = 0$	$Q=0$

迴圈過程 如果熱力學系統（如氣體、液體）的狀態經歷一系列變

化過程後又回到原來狀態的過程叫迴圈過程,簡稱迴圈。準靜態迴圈過程在 p-V 圖上是一條閉合曲線,如果閉合曲線是順時針方向完成的迴圈稱為正迴圈(圖 3-5),反之為逆迴圈。

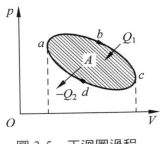

圖 3-5　正迴圈過程

正迴圈與熱機效率　在正迴圈過程中,系統從外界的高溫熱源吸取熱量 Q_1,在低溫熱源(如冷凝器)放熱 Q_2,在不考慮其他耗散的情況下,把 $Q = Q_1 - Q_2$ 從外界吸收的淨熱量轉變成了功 A,正是在工質一次次的迴圈中實現了熱機不斷地對外做功。為了表明熱機吸收的熱量中有多少可以轉變為機械能,我們定義熱機效率為

$$\eta = \frac{A}{Q_1} = \frac{Q_1 - Q_2}{Q_1} = 1 - \frac{Q_2}{Q_1}$$

是一次迴圈過程中工質對外做的淨功和從高溫熱源吸收的熱量的比值,總有 $0 < \eta < 1$。

　　熱機:利用正迴圈把熱不斷轉換為功的裝置就稱為熱機,例如蒸汽

機、內燃機以及汽輪機等。

工質（Refrigerant）：在熱機中被用來吸收熱並完成對外做功的物質叫工作物質，簡稱工質。

卡諾迴圈：迴圈的類型很多，究竟哪種迴圈的熱機效率最高？最大效率是多少？1824 年法國工程師卡諾（Nicolas Leonard Sadi, 1796-1832）提出了一種工質只和兩個恆溫熱源交換熱量的準靜態理想迴圈（即由兩條等溫線和兩條絕熱線構成的迴圈過程），並從理論上證明了它的效率最高。這種迴圈稱為卡諾迴圈，按卡諾迴圈工作的熱機叫卡諾熱機。其效率為

$$\eta_c = 1 - \frac{T_2}{T_1}$$

由上式可見，理想氣體卡諾熱機的效率只由高溫和低溫兩個恆溫熱源的溫度決定。與其他因素無關。

奧托迴圈：由兩條準靜態的等容線和兩條絕熱線構成的迴圈，稱為奧托迴圈，又稱定容加熱迴圈，如圖 3-6 所示。其效率為

$$\eta = 1 - \frac{1}{\varepsilon^{\gamma-1}}$$

式中，$\varepsilon = V_1/V_2$ 絕熱壓縮比，$\gamma = C_{p,\mathrm{m}}/C_{V,\mathrm{m}}$。

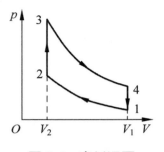

圖 3-6　奧托迴圈

　　狄塞爾迴圈：由兩條準靜態的絕熱線、一條等壓線和一條等容線構成的迴圈，稱為狄塞爾迴圈，如圖 3-7 所示。其效率為

$$\eta = 1 - \frac{1}{\gamma} \cdot \frac{1}{\varepsilon^{\gamma-1}} \cdot \frac{\rho^{\gamma}-1}{\rho-1}$$

式中，$\varepsilon = V_1/V_2$ 是絕熱壓縮比，$\rho = V_3/V_2$ 是定壓膨脹比，$\gamma = C_{p,m}/C_{V,m}$。

　　逆迴圈與致冷係數　　在逆迴圈過程中，若系統從低溫熱源吸熱 Q_2，向高溫熱源放熱 Q_1，而外界必須對工質做功 $A' = -A = Q_1 - Q_2$。這種迴圈稱為致冷迴圈，如圖 3-8 所示。對於致冷迴圈，我們關心的是能夠儘量減少消耗外界功和盡可能多地從低溫處取走熱量，所以定義致冷機的致冷係數為

$$w = \frac{Q_2}{A'} = \frac{Q_2}{Q_1 - Q_2}$$

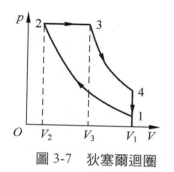

圖 3-7 狄塞爾迴圈

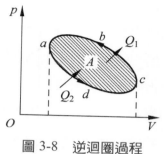

圖 3-8 逆迴圈過程

　　致冷機：利用逆迴圈連續不斷地做功，以獲得或維持低溫的裝置就稱為致冷機，例如電冰箱、空調等。致冷係數越大，表明致冷機的性能越好。

　　卡諾致冷迴圈：對於以理想氣體為工質的卡諾致冷迴圈，它是由兩條等溫線和兩條絕熱線構成，並沿逆時針方向進行的迴圈，其迴圈的致冷係數為

$$w_{\mathrm{C}} = \frac{T_2}{T_1 - T_2}$$

3.3　熱力學第二定律

　　可逆過程　一個系統由某一狀態出發，經過某一過程達到另一狀態，如果存在另一過程，它能使系統和外界完全復原，即系統回到原來的狀態，同時消除了原來過程對外界引起的一切影響，則原來的過程就

稱為可逆過程。

不可逆過程 若系統由某一狀態出發，經過某一過程達到另一狀態，再經過一過程回到原來的狀態，如果用任何方法都不可能使系統和外界完全復原，則稱原來的過程稱為不可逆過程。

熱力學第二定律 自然過程的不可逆性是熱力學第一定律所不能概括的，說明自然過程方向的規律是熱力學第二定律。由於自然過程不可逆性的相互依存，所以對任何一個實際過程進行方向的說明都可以作為熱力學第二定律的表述，它們都是等價的。其常見的兩種表述是克勞修斯表述和克耳文表述。

克勞修斯表述：不可能把熱量從低溫物體傳到高溫物體而不引起其他變化。

克耳文表述：不可能製造出這樣一種熱機，它從單一熱源吸熱使之完全轉化為有用功而不放出熱量給其他物體，或者說不使外界發生任何變化。克耳文表述又可表述為第二類永動機是製造不出來的。

卡諾（Carnot）定理 1824年，法國物理學家、工程師卡諾通過理想熱機模型（理想氣體的卡諾迴圈）指出：熱機必須工作於兩個熱源之間；熱機效率僅與兩個熱源溫度有關，而與工作物質無關，在兩個固定溫度之間工作的所有熱機中以可逆機效率最高。這就是卡諾定理。

熱力學機率 任一宏觀狀態所對應的微觀狀態數稱為該宏觀狀態的熱力學機率。它是分子無序度的一種量度。

熵（Entropy） 是熱力學中的一個態函數（Functions of state），常用 S 來表示。它是用來描述系統內分子熱運動無序性的一種量度，分

子越混亂，意味著該狀態的熵越大。

波茲曼熵公式（Boltzmann's entropic equation） $S = k \ln \Omega$
式中，Ω 是熱力學機率，k 是波茲曼常數。

熵增加原理 在絕熱或孤立系統中所進行的自然過程，總是沿著熵增大的方向進行，它是不可逆的，即

$$\Delta S > 0$$

此式叫做熵增加原理，其表明：孤立系統的熵永遠不會減少。

克勞修斯熵公式（Clausius's entropic equation） 系統熵的增量等於初末狀態之間的任意一個可逆過程中的熱溫比 $\mathrm{d}Q/T$ 的積分，即

$$\Delta S = S_B - S_A = \int_A^B \frac{\mathrm{d}Q}{T}$$

對於一個可逆的微元過程，系統熵的增量為

$$\mathrm{d}S = \frac{\mathrm{d}Q}{T}$$

上兩式稱為克勞修斯熵公式。熵的單位是 $\mathrm{J \cdot K^{-1}}$。

3.4 熱力學第三定律

能斯特熱定理（Nernst heat theorem） 當溫度趨於絕對零度時，一個化學均勻系統的熵趨於一個極限值，這個極限值可以取作零，而與系統的其他狀態參量，如壓力、密度等無關。這個原理就稱為能斯特熱定理。即

$$\lim_{T \to 0} S = S_0 = 0$$

能斯特熱定理的另外一種表述：不論用什麼方法都不能使系統到達絕對零度。

熱力學第三定律 絕對零度不可能到達。即系統的溫度可以無限地接近絕對零度，但不能到達絕對零度。

絕對零度 是熱力學溫標的零點，它比水的三相點溫度低 273.16 K。

第四章　相變

4.1　相與聚集態

相（Phase）　指系統中物理性質均勻的部分，它與其他部分之間有一定的分介面隔離開來。例如，在由水和冰組成的系統中，冰是一個相，水是一個相，共有兩個相。

相變　不同相之間的相互轉變，就稱為相變（Phase transition）。相變包括一級相變和二級相變。在一定的壓力下，相變總是在一定的溫度下才能發生。

一級相變（First order phase transition）：在發生相變時，凡是體積發生變化，並伴隨熱量的吸收或釋放，這類相變就稱為一級相變。

二級相變（Second order phase transition）：在發生相變時，體積不發生變化，也不伴隨熱量的吸收或釋放，而只是熱容量、熱膨脹係數和等溫壓縮係數等物理量發生變化，這類相變就稱為二級相變。

相變潛熱（Latent heat）　在一級相變中，雖然系統的溫度不變，但要吸收或釋放熱量，這種熱量就稱為相變潛熱。相變潛熱大小不僅與物質的種類有關，而且與發生相變的溫度有關。所以一定種類的單位質量物質，在一定的溫度下其相變潛熱是一定的。若單位質量物質由 1 相變為 2 相時，其相變潛熱為

$$L = (u_2 - u_1) + p(v_2 - v_1) = h_2 - h_1$$

式中，u_1、u_2 分別表示 1 相和 2 相單位質量的內能，v_1、v_2 分別表示 1 相和 2 相單位質量的體積，h_1、h_2 分別表示 1 相和 2 相單位質量的焓。

元（Component） 指系統中所包含的化學成分不同的物質種類。若只有一種化學成分的物質系統，就稱為單元系；若有幾種化學成分的物質系統，就稱為多元系。

相平衡 一般是指相與相之間在熱平衡和力平衡的條件下，系統中物質質量的轉移達到平衡。當系統達到相平衡條件時，其吉布斯函數（Gibbs function）$G(T, p)$為最小值。

相平衡曲線 在單元兩相系中，由相平衡條件（指兩相的溫度相等、壓力相等、化學勢相等）可以得出兩相平衡時的溫度 T 和壓力 p 之間的關係

$$p = p(T)$$

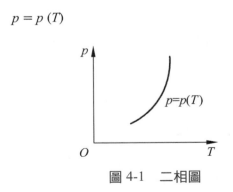

圖 4-1　二相圖

這個函數關係在 p-V 圖上所描繪的曲線，就稱為相平衡曲線，如圖 4-1 所示。這種表示兩相存在區域的 p-V 圖，又稱為二相圖。相平衡曲線上的每一點，代表兩相共存的平衡狀態，而曲線兩側的區域，分別代表一個相獨立存在的狀態範圍。

克拉珀龍方程 $\dfrac{dp}{dT} = \dfrac{L}{T(v_2 - v_1)}$。

上式給出了單元雙相系平衡壓強隨溫度的變化關係。式中 L 為單位質量的相變潛熱，v_1、v_2 分別表示 1 相和 2 相單位質量的體積。

4.2　聚集態的轉變

聚集態（State of aggregation）　物質分子集合的狀態，簡稱聚集態或物態。它是由特定性質和內部結構決定的一種物質的相。聚集態是實物存在的形式，常見的有四種，即固態、液態、氣態和等離子態。

固態　物體具有固定的內部排列秩序，結合物體的微粒間距很小，作用力很大。粒子在各自的平衡位置附近作無規律的振動，固體能保持一定的體積和形狀，在受到不太大的外力作用時，固體的體積和形狀改變很小。固體又分為晶體和非晶體，晶體具有固定的熔點，而非晶體沒有固定的熔點。

液態　物體不具有固定的內部排列秩序，然而卻有很強的內部相互作用。它沒有固定的外形，但有明確的表面和固定的體積，只有在很強

的壓力下才會改變。

氣態　物體不具有固定的內部排列秩序，只有很弱的內部相互作用。它沒有固定的外形、明確的表面和確定的體積，可以適應任何容器，它的體積可隨壓力變化而變化。

電漿（Plasma）或稱為等離子體　當氣體被加熱到一定的溫度時，電子就會被原子「甩」掉，原子變成了帶正電荷的離子。此時，電子和離子所帶的電荷相反，但數量相等，這種狀態就稱為電漿態或等離子體態。我們經常看到的閃電、流星以及螢光燈點燃時，都是處於電漿態。人類利用它放出大量的能量產生高溫，切割金屬、製造半導體元件、進行特殊的化學反應等。電漿態沒有固定的內部結構，但具有電磁的交互作用。

聚集態的轉變　通過提供能量，物體可以從固態變到液態或氣態，或從液態變到氣態。

固液相變　物質從固態到液態或從液態到固態的轉變過程。

溶解　物質由固態到液態的相變過程，稱為溶解。

溶解時，物質的物理性質要發生顯著的變化，其中最主要的是體積、飽和蒸氣壓、電阻率以及溶解氣體的能力的變化等。

熔點　是晶體物質由固態轉變為液態時所需要的最低溫度。即液相和固相可以平衡共存的溫度。熔點與外界壓力有關。

凝固　物質由液態到固態的相變過程，稱為凝固。它是溶解的相反過程。

凝固點　是晶體物質凝固時的溫度，不同晶體具有不同的凝固點。

在一定壓力下，任何晶體的凝固點與其熔點相同，並與外界的壓力有關。

結晶 晶體在溶液中形成的過程，即晶體由液相轉變為固相的過程。結晶的方法一般有兩種：一種是蒸發溶劑法，它適用於溫度對溶解度影響不大的物質。沿海地區「曬鹽」就是利用了這種方法。另一種是冷卻熱飽和溶液法。

過冷度 在結晶過程中，實際結晶溫度低於固、液兩相平衡共存溫度的度數，稱為過冷度。

冰點 就是水的凝固點，即水和冰達到平衡共存時的溫度。冰點與壓力有關，並隨著壓力的增大，冰點相應地降低。在一個標準大氣壓下，冰點為 273.15 K（攝氏為 0℃）。

溶解曲線 在 p-V 圖上，用以表示固、液兩相的相平衡曲線，如圖 4-2 所示。

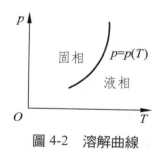

圖 4-2　溶解曲線

氣液相變 物質從氣態到液態或從液態到氣態的轉變過程。

汽化 物質由液態到氣態的相變過程，稱為汽化，它是凝結的相反

過程。汽化有蒸發和沸騰兩種形式。液體汽化時體積急劇增加，需要克服分子間的相互作用力和反抗大氣壓做功，因此汽化要吸收熱量。

蒸發　是液體在任何溫度下發生在液體表面的一種緩慢的汽化現象。

沸騰　在一定壓力下，將液體加熱到某一溫度時，液體表面和內部同時發生的劇烈汽化現象，就稱為沸騰。

沸點　液體發生沸騰時的溫度叫沸點。不同液體的沸點不同，即使同一液體，它的沸點也是隨外界的大氣壓而變化。例如一個大氣壓下水的沸點為 373 K（為 100℃），這是最為常見的。如果在兩個大氣壓下水的沸點就變為 393 K。

過熱液體　指溫度高於沸點而不沸騰的液體。

蒸氣　液態物質汽化，或固態物質昇華而形成的氣態物質就稱為蒸氣。

飽和蒸氣　與同種物質的液態處於動態平衡的蒸氣，就稱為飽和蒸氣。

飽和蒸氣壓　指飽和蒸氣的壓力。

凝結　物質由氣態到液態的相變過程，稱為凝結。它是汽化的相反過程。凝結有兩種方法，一是降低蒸氣的溫度；二是增大蒸氣的壓力。

汽化曲線　是在 p-T 圖上表示的氣、液兩相的相平衡曲線，如圖 4-3 所示。

固氣相變　物質從固態到氣態或從氣態到固態的轉變過程。

昇華（Sublimation）　固態物質不經液態直接轉變成氣態的相變過

程，稱為昇華，是凝華的相反過程。昇華是發生在固體的表面，固體昇華時要吸收大量的熱量，所以常常可用來製冷。

昇華熱　單位質量的物質直接變成氣體時需要吸收的熱量，也等於單位質量的同種物質在相同條件下的熔解熱與汽化熱之和。

凝華（Deposition）　物質從氣態不經液態而直接變成固態的相變過程，稱為凝華，是昇華的相反過程。發生凝華時，物質要釋放出熱量，這部分熱量就是昇華熱。

昇華曲線　是在$p\text{-}T$圖上表示的固、氣兩相的相平衡曲線，如圖 4-4 所示。圖中曲線是表示同種物質固相和液相的分界線，曲線上的每一點是代表固、氣兩相共存的狀態。

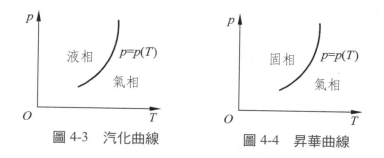

圖 4-3　汽化曲線　　　　圖 4-4　昇華曲線

三相點　一般是指各種化學性質穩定的純物質處於固、液、氣三相平衡共存時的溫度和壓力。在$p\text{-}T$圖上，這一點正好是熔解曲線 OM、汽化曲線 OL 和昇華曲線 OK 的交點 O，如圖 4-5 所示。所以各種物質，處在三相點時都具有確定的溫度和壓力。如水的三相點溫度為 273.16 K，壓力為 4.58 mmHg。水的三相點溫度是國際溫標中最基本的

固定參考點。表 4-1 列出一些常用物質的三相點。

表 4-1　一些常用物質的三相點

物質	溫度／K	壓強／mmHg	物質	溫度／K	壓強／mmHg
氦	2.17	38.3	氮	63.18	94
氫	13.84	52.8	氨	195.40	45.57
氖	18.63	128	二氧化硫	197.68	1.256
氘	24.57	324	二氧化碳	216.55	3880
氧	54.36	1.14	水	273.16	4.581

　　三相圖　在 *p-T* 圖上所畫出的表示固、液、氣三相存在的狀態的範圍，就稱為三相圖。如圖 4-5 所示。

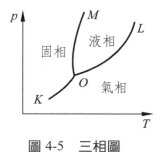

圖 4-5　三相圖

第 3 篇

電磁學

第一章 電場

1.1 靜電場

電量 指物體電荷多少的量度。電量的單位是 C（庫〔侖〕）或電子電量。電子電量是電量的最小單位，一切帶電體的電量都是電子電量的整數倍。一個電子的電量一般用 e 來表示，即

$$e = 1.602176487 \times 10^{-19} \text{ C}$$

束縛電荷 亦稱極化電荷。外電場使電介質極化時，在介質表面或內部同時出現兩種等量而異號的電荷。由於這種電荷束縛在構成電介質的分子上，只能作微小的位移，不能自由移動，故稱為束縛電荷。

自由電荷 在外電場作用下能夠自由運動的帶電微粒，只有動能，不考慮位能。

點電荷 當帶電體的大小和帶電體間的距離相比很小時，帶電體的形狀和電荷在其中的分佈已經無關緊要，因此我們可以把它抽象成一個幾何點，並且把這種帶電體稱為點電荷。點電荷只是相對的意義，它本身並不一定是很小的帶電體。

庫侖定律（Coulomb's law） 1785 年庫侖通過實驗總結出的點電荷

之間相互作用的規律。兩個靜止點電荷之間的相互作用力與它們的帶電量的乘積成正比，而與它們之間的距離的平方成反比。作用力的方向沿著兩個點電荷的連線。其運算式為

$$F_{12} = k \frac{q_1 q_2}{r^2} e_{r_{21}}$$

其中，q_1 與 q_2 分別代表兩個點電荷的電量，k 為比例常數，$k = \dfrac{1}{4\pi\varepsilon_0}$ $= 8.99 \times 10^9\,\text{N} \cdot \text{m}^2/\text{C}^2$，$\varepsilon_0$ 為真空介電常數。

  電場 物理場的一種，存在於帶電體或變化磁場的周圍，是物質存在的一種形態。

  靜電場 與觀察者相對靜止的電荷所產生的電場。

  電場強度 簡稱場強，它是一個向量，用 E 表示，數值上等於放在該點的單位正電荷所受的力，其方向與正電荷受力的方向一致，即

$$E = F/q_0$$

F 是試探電荷 q_0 在電場中所受的力，電場強度的單位是 N/C。

  場強疊加原理 點電荷系 $q_1, q_2, \cdots, q_n$ 在某點產生的場強，等於每一個電荷單獨存在時在該點分別產生的場強的向量和，即

$$E = \sum_{i=1}^{n} E_i$$

線電荷密度 如果電荷分佈在細長線上，線上某點附近的線段元 $\mathrm{d}l$ 上帶電荷 $\mathrm{d}q$，則比值 $\dfrac{\mathrm{d}q}{\mathrm{d}l}$ 定義為該點的線電荷密度λ，即單位長度上的電荷，$\lambda = \dfrac{\mathrm{d}q}{\mathrm{d}l}$。

面電荷密度 也稱為電荷面密度，若面上某點附近一個面積元 $\mathrm{d}S$ 上帶電荷 $\mathrm{d}q$，則比值 $\dfrac{\mathrm{d}q}{\mathrm{d}S}$ 定義為該點的面電荷密度σ，即單位面積上的電荷，$\sigma = \dfrac{\mathrm{d}q}{\mathrm{d}S}$。

體電荷密度 帶電體中任意點 O 的附近取一小體積元 $\mathrm{d}V$，其中所含電量為 $\mathrm{d}q$，則比值 $\dfrac{\mathrm{d}q}{\mathrm{d}V}$ 定義為在 O 點的體電荷密度 ρ，即單位體積的電量 $\rho = \dfrac{\mathrm{d}q}{\mathrm{d}V}$。

幾種常用電荷分佈的場強公式

點電荷 q 在距它 r 處的場強：

$$E = \frac{q}{4\pi\varepsilon_0\, r^2}\, e_r$$

式中，r 為場點的位置向量的大小，e_r 是沿位置向量方向的單位向量。

電偶極子（電偶矩為 p）在軸線上一點的場強：$E = \dfrac{2p}{4\pi\varepsilon_0 r^3}$

式中，$p = ql$，$l : -q \to +q$，r 是正負電荷中心到場點的距離。

電偶極子（電偶矩為 p）在中垂線上一點的場強：$E = -\dfrac{p}{4\pi\varepsilon_0 r^3}$

式中，r 是正負電荷中心沿中垂線到場點的距離。

線電荷 $\lambda \mathrm{d}l$，面電荷 $\rho \mathrm{d}S$，體電荷 $\rho \mathrm{d}V$ 產生的場強分別為

$$E = \frac{1}{4\pi\varepsilon_0} \int \frac{\lambda \mathrm{d}l}{r^2} e_r , \; E = \frac{1}{4\pi\varepsilon_0} \iint \frac{\sigma \mathrm{d}S}{r^2} e_r , \; E = \frac{1}{4\pi\varepsilon_0} \iiint \frac{\rho \mathrm{d}V}{r^2} e_r$$

上式中 λ, σ, ρ 分別為線、面、體電荷密度，$\mathrm{d}l, \mathrm{d}S, \mathrm{d}V$ 分別是線段元、面積元和體積元。

電力線 描述電場分佈情況的曲線。曲線上各點的切線方向與該點的電場方向一致，曲線密集的程度，與該處的電場強弱成正比。電力線具有以下性質：

(1)電力線起自正電荷或無窮遠處，終止於負電荷或伸向無窮遠處，但不會在沒有電荷的地方中斷；

(2)在沒有電荷的空間裏，任何兩條電力線不會相交；

(3)靜電場的電力線不會形成閉合曲線。

電通量 表示電力線通過電場中任一曲面情況的物理量，它正比於通過這曲面的電力線條數。通過面元 ΔS 的電通量 ΔN 定義為該點場強的大小 E 與 ΔS 在垂直於場強方向的投影面積 $\Delta S' = \Delta S \cos\theta$ 的乘積，θ 為面元 ΔS 的法線方向與電場強度 E 之間的夾角。

高斯定理 通過任意閉合面向外的電通量，等於該面所包含電荷的代數和的 ε_0 分之一。

$$\oint_S \boldsymbol{E} \cdot \mathrm{d}\boldsymbol{S} = \frac{1}{\varepsilon_0} \sum_{i=1}^{n} q_i$$

式中，$\boldsymbol{E}$ 為電場強度，$\mathrm{d}\boldsymbol{S}$ 為面元向量，$\boldsymbol{S}$ 為任意閉合曲面，Σq_i 為閉合曲面內所包含的電荷。

靜電場的環流定律　又稱靜電場的環路定律，靜電場中場強沿任意閉合環路的線積分恆等於零。

$$\oint_L \boldsymbol{E} \cdot \mathrm{d}\boldsymbol{L} = 0$$

式中，L 為任意閉合曲線，場強 $\boldsymbol{E}$ 的環流量等於零。這是靜電場的一個規律，說明靜電場是一種保守場，在靜電場中移動電荷時，電場力所做的功與路徑無關。

電位　是指靜電場中某一點的電位能在數值上等於把單位正電荷從無窮遠處沿任一路徑移到該點時，電場力所做功的負值，或者說把單位正電荷從該點移到無窮遠處電場力所做的功，即

$$U = -\int_L \boldsymbol{E} \cdot \mathrm{d}\boldsymbol{l}$$

電位的單位是伏特，它是表示靜電場性質的一個物理量。

電位能　靜電場與重力場一樣，都屬保守力場。電荷處在電場中的某一位置時就具有一定的位能，就稱為電位能。電場中 a 點與 b 點的電位能差等於將試驗電荷 q_0 從 a 點沿任一途徑移到 b 點時，電場力所做的

功，即

$$W_a - W_b = q_0 \int_a^b \boldsymbol{E} \cdot \mathrm{d}\boldsymbol{l}$$

式中，W_a、W_b 分別是 a、b 兩點所具有的電位能。

零電位能　計算電位能的參考點取為零的規定，就稱為零電位能。理論上，當產生電場的電荷聚集在有限空間時，常取無窮遠處為電位能零點，實際上，常常取地面的電位能為零電位能。

電位能疊加原理　電荷系的電場中某點的電位能，是各個電荷單獨存在時的電場在該點電位能的代數和。線電荷、面電荷、體電荷產生的電位能分別為

$$U = \frac{1}{4\pi\varepsilon_0} \int \frac{\lambda \mathrm{d}l}{r} \ , \ U = \frac{1}{4\pi\varepsilon_0} \int_S \frac{\sigma \mathrm{d}S}{r} \ , \ U = \frac{1}{4\pi\varepsilon_0} \int_V \frac{\rho \mathrm{d}V}{r}$$

上式中 λ、σ、ρ 分別為線、面、體電荷密度，$\mathrm{d}l$、$\mathrm{d}S$、$\mathrm{d}V$ 分別是體積元、面積元和線段元。

均勻帶電球面的電位能分佈　設球面半徑為 R，總帶電量為 q，則電位能分佈為

$$U = \frac{q}{4\pi\varepsilon_0 R} \ , \ r \leq R$$
$$U = \frac{q}{4\pi\varepsilon_0 r} \ , \ r \geq R$$

上式說明均勻帶點球面內各點電位能相等，都等於球面上各點的電位能。電位能隨 r 的變化如圖 1-1 所示，在球面 R 處，場強不連續，而電位能是連續的。

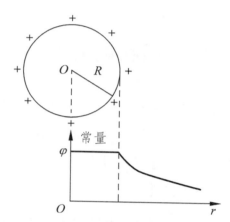

圖 1-1　均勻帶電球面的電位能分佈

等位面　靜電場中由電位能相等的點所連成的面，就稱為等勢面或等位面。

真空中的靜電場方程　$\nabla \cdot E = \rho/\varepsilon_0$，$\nabla \times E = 0$。

第一式指出電荷是電場的源（Source），同時反映出電荷對電場作用的局域性質，空間某點處電場的散度只和該點上的電荷密度有關，而和其他地點的電荷分佈無關，電荷只直接激發其鄰近的場，而遠處的場則是通過場本身的內在作用傳遞出去的。第二式表示靜電場的無旋性，即靜電情況下電場沒有旋渦狀結構。

靜電場的能量　靜電場儲存在電場中，對於一個已知帶電系統的電場分佈，則帶電系統的電場的總能量為 $W = \int_V \frac{\varepsilon_0 E^2}{2} \mathrm{d}V$。

1.2　電場中的導體和電介質

導體的靜電平衡狀態　導體內部和表面都沒有電荷定向移動的狀態。這種狀態只有在導體內部電場強度處處為零時才有可能達到和維持。否則，導體內部的自由電子在電場的作用下將發生定向移動。

靜電場中導體的基本性質

(1)處於靜電平衡的導體，其內部各處靜電荷為零，電荷只能分佈在表面。

(2)處於靜電平衡的導體，其表面上各處的面電荷密度與當地表面緊鄰處的電場強度的大小成正比，在導體外，靠近導體表面的電場強度處處垂直於導體表面。

(3)孤立的導體處於靜電平衡時，它表面各處的面電荷密度與各處表面的曲率有關，曲率越大的地方，面電荷密度也越大。

導體面電荷與場強的關係　導體表面附近的場強在數值上等於該處電荷密度 σ 的 ε_0 分之一，方向為外法線方向。當 σ 為正時，方向垂直向外，σ 為負時，垂直指向導體，即

$$E = \frac{\sigma}{\varepsilon_0} \boldsymbol{n}_0$$

式中，n_0 表示導體表面的單位外法線向量。

尖端放電　在導體尖端附近，由於電荷密集，電場很強，使空氣分子發生電離而形成大量的自由電子和離子，這些離子將發生激烈運動而產生碰撞電離，與尖端上的異號離子受到吸引而趨向尖端，而與尖端上電荷同號的離子受到排斥而飛離尖端。這種導體尖端發生的放電現象稱為尖端放電。

導體空腔內的電場與電荷分佈　當導體空腔內沒有帶電體時，在靜電平衡下，導體空腔的內表面上處處沒有電荷，電荷只能分佈在外表面上。空腔內沒有電場，即空腔內的電位能處處相等。當導體空腔內有帶電體時，在靜電平衡狀態下，導體腔內表面所帶的電荷與腔內電荷的代數和為零。腔內電場由帶電體以及腔內表面電荷決定。

靜電屏蔽　導體空腔內的帶電體或電器設備不受導體腔外靜電場的影響，與接地導體空腔內的電場對腔外不產生影響的現象稱為靜電屏蔽。

電容器　為了儲藏電荷或電能，我們常常把兩個導體組成一個系統，使得由一個導體產生的全部電力線幾乎都終止在另一個導體上，從而使兩個導體帶等量異號的電荷，我們把這樣一對導體所組成的體系稱為電容器。

電容器的電容　電容器每一極板上的電量 Q 與兩極板間的電位能差

$U_1 - U_2$ 的比值稱為電容器的電容，$C = \dfrac{Q}{U_1 - U_2}$，它與兩導體的幾何形狀、大小、相對位置以及周邊的介質無關。設平行板電容器每一極板的面積為 S，兩板間的距離為 d，若兩極板間的距離遠小於板的線度，因此在忽略邊緣效應的前提下：

平行板電容器的電容：$C = \dfrac{\varepsilon_0\, \varepsilon_r\, S}{d}$，$\varepsilon_0$ 為真空介電常數，ε_r 為相對介電常數。

柱形電容器電容：$C = \dfrac{2\pi\varepsilon_0 l}{\ln(R_2/R_1)}$，$R_1$、$R_2$ 分別為內外柱面的半徑，l 為長度。

同心金屬球殼組成的球形電容器電容：$C = \dfrac{4\pi\varepsilon_0 R_1 R_2}{R_2 - R_1}$，$R_1$、$R_2$ 分別為內外球面的半徑，如圖 1-2 所示。

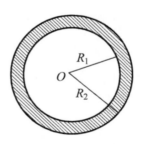

圖 1-2　球形電容器

電容的串聯　當一個電容器的一個極板與另一電容器的一個極板相連接，這樣一個接一個地連下去形成電容器的串聯。串聯後的總電容器的倒數等於各個電容器電容的倒數之和，即 $\dfrac{1}{C} = \displaystyle\sum_{i=1}^{n} \dfrac{1}{C_i}$。

電容的並聯 當每一個電容器的一個極板接到一個共同點,而另一個極板接到另一個共同點時,這種連接稱為電容器的並聯。並聯後的總電容器等於各個電容器的和。即 $C = \sum\limits_{i=1}^{n} C_i$。

電容器的電能 電容為 C 的電容器當它充電到電壓為 U 時所儲藏的電能為 $W = \dfrac{1}{2}CU^2$,電容也是電容器儲藏能量本領大小的量值。

電介質 亦稱絕緣體,不導電物質的學名,它的電阻率很高。

電介質的極化 在外加電場的作用下,電介質表面或內部出現電荷的現象。顯然,外電場越強,電介質表面出現的束縛電荷越多,如圖 1-3 所示。

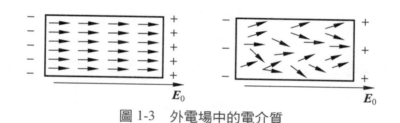

圖 1-3 外電場中的電介質

非極性分子與極性分子 由中性分子構成的電介質可以分為兩類:一類為非極性分子,它們的分子在沒有外電場作用時,每個分子的正負電荷的重心重合,因而分子的電矩為零,如 He, H_2, N_2, O_2, CO_2 等。而另一類為極性分子,在正常情況下,它們內部的電荷分佈就是不對稱的,因而其正、負電荷的重心不重合,這種分子具有固定電矩,它們稱為極性分子,如 HCl, H_2O, CO 等。

位移極化（Displacement polarization）**與取向極化**（Orientation polarization） 非極性分子在受到外電場作用時，分子的正負電荷的重心產生相對位移，位移的大小與場強成正比，這種過程稱為位移極化。由於電子比原子核輕得多，所以在外場作用下主要是電子位移，非極性分子的極化機理是電子位移極化。非極性分子所等效的偶極子可比擬為由彈性力聯繫著的兩個異號電荷，故稱為彈性偶極子（Elastic dipole），如圖 1-4 所示。

圖 1-4 位移極化和取向極化

極化強度（Polarization） 用來描述電介質極化程度的物理量，在宏觀場可以用單位體積的電矩向量和來描述。$\boldsymbol{P} = \lim\limits_{\Delta V \to 0} \dfrac{\Sigma \boldsymbol{p}_i}{\Delta V}$，$\boldsymbol{P}$ 稱為極化強度向量。

極化率 對於各向同性介質，電介質中某點的極化向量 $\boldsymbol{P}$ 與該點的總場強 $\boldsymbol{E}$ 成正比，而且方向相同，$\boldsymbol{P} = \varepsilon_0 \chi_e \boldsymbol{E}$，式中 ε_0 是真空介電常數，χ_e 是和介質性質有關的物理量，稱為極化係數或極化率，如果介質均勻，χ_e 為恆量，如果介質不均勻，χ_e 是位置的函數。

介電常數（Dielectric constant） 亦稱為電容率，是表徵電介質在外場作用下電極化性質的物理量。對於某種給定的電介質材料，一個充

滿了這種介質的電容器的電容 C 與同一尺寸的真空電容器的電容 C_0 的比值,稱為該材料的相對介電常數。這個常數表示為 $\varepsilon_r = \dfrac{C}{C_0}$。而 $\varepsilon = \varepsilon_0 \varepsilon_r$ 稱為絕對介電常數,ε_0 稱為真空介電常數。

介電強度(Dielectric strength) 電介質在很強的電場作用下,使其絕緣性能遭到破壞變成導電的物質,這種過程稱為電介質的擊穿。一種電介質所能承受的最大電場強度稱為這種電介質的絕緣強度,亦稱介電強度。

壓電效應 對於某些單晶體與多晶體介質,如石英、電氣石及壓電陶瓷等,即使沒有外電場存在,在機械力的作用下發生形變時也會發生極化,這種效應稱為壓電效應。

電位移向量 電位移向量是一個輔助向量,與場強向量 $\boldsymbol{E}$ 以及極化向量 $\boldsymbol{P}$ 有關,它等於 $\varepsilon_0 \boldsymbol{E}$ 與 $\boldsymbol{P}$ 這兩個向量的向量和,其運算式為

$$\boldsymbol{D} = \varepsilon_0 \boldsymbol{E} + \boldsymbol{P} = \varepsilon \boldsymbol{E}$$

式中,ε 為絕對介電常數,ε_0 為真空介電常數。$\boldsymbol{D}$ 線與 $\boldsymbol{E}$ 線不同,$\boldsymbol{D}$ 線從正自由電荷出發,終止於負自由電荷,而 $\boldsymbol{E}$ 線起止於各種正、負電荷,包括自由電荷和極化電荷,如圖 1-5 所示。

介質中的高斯定理 通過電介質中任一閉合面的電位移通量等於該面所包圍的自由電荷的代數和,$\oint_S \boldsymbol{D} \cdot \mathrm{d}\boldsymbol{S} = \sum_i q_i$。

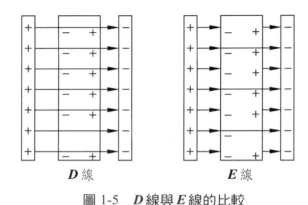

圖 1-5　*D* 線與 *E* 線的比較

電偶極子　電偶極子是大小相等，符號相反並有一微小距離的兩個點電荷的複合體。其電極距為點電荷的電量 q 與相互間的距離 l 的乘積，l 的方向是由負電荷指向正電荷。即

$$\boldsymbol{P} = q\boldsymbol{l}$$

電荷系的總能量　連續分佈自由電荷體系的總能量為 $W = \dfrac{1}{2}\int_V \rho U \mathrm{d}V$，式中 ρ 為體電荷密度，U 為電位能。若用場量 $\boldsymbol{E}$、$\boldsymbol{D}$ 表示，則為

$$W = \frac{1}{2}\int_V (\boldsymbol{D} \cdot \boldsymbol{E})\, \mathrm{d}V$$

點電荷之間的相互作用能　幾個點電荷之間的相互作用能為

$$W = \frac{1}{2} \sum_{i=1}^{n} q_i U_i$$

式中，U_i 是除 q_i 外其餘 $n-1$ 個電荷產生的場在 q_i 處的電位能。

1.3 恆定電流

電流強度 單位時間內通過導體任一截面的電量，如在時間 Δt 內通過導體橫截面的電量為 Δq，則電流強度就是

$$I = \lim_{\Delta t \to 0} \frac{\Delta q}{\Delta t} = \frac{dq}{dt}$$

電流強度不是向量，常常以正電荷穿過該截面的方向作為電流流動方向。

電流密度 它的數值為單位時間內流過垂直於電流的單位截面的電量，它的方向為正電荷流動的方向。在導體的每點上的電流密度 $\boldsymbol{J}$ 就是流過垂直於電流方向的截面元 dS 的電流強度 $d\boldsymbol{I}$ 與截面 dS 的比值，即

$$\boldsymbol{J} = \frac{d\boldsymbol{I}}{dS} \boldsymbol{n}_0$$

式中，$\boldsymbol{n}_0$ 為面元的單位法線向量。

電流的連續方程　設想在導體內取任意閉合曲面 S，則在單位時間內由 S 面流出的電量應等於 $\oint_S \boldsymbol{J} \cdot \mathrm{d}\boldsymbol{S}$。根據電荷守恆定律，它應等於單位時間內 S 內的電量減少量 $-\dfrac{\mathrm{d}q}{\mathrm{d}t}$，即

$$\oint_S \boldsymbol{J} \cdot \mathrm{d}\boldsymbol{S} = -\frac{\mathrm{d}q_{\mathrm{in}}}{\mathrm{d}t}$$

它的微分形式為 $\nabla \cdot \boldsymbol{J} = -\dfrac{\partial \rho}{\partial t}$，$\rho$ 是體電荷密度。

穩恆電流　如電流不隨時間變化，這種電流稱為穩恆電流，或稱直電流。要使電流穩定，則對於任意閉合面內的電量將不隨時間改變，即 $\dfrac{\mathrm{d}q}{\mathrm{d}t}=0$，所以有

$$\oint_S \boldsymbol{J} \cdot \mathrm{d}\boldsymbol{S} = 0$$

這兩個公式稱為電流的穩定條件。

電阻　為描寫導體導電特性的量，與導體的材料、大小、形狀以及所處的情況有關。國際單位為 Ω，它在數值上等於一段導體兩端的電位能差 U 與通過這段導體的電流 I 的比值。

電阻率　對於由一定材料製成的橫截面積均勻的導體，它的電阻 R 與其長度 l 成正比，與橫截面積 S 成反比，即 $R=\rho\dfrac{l}{S}$，式中比例係數 ρ 由導體的材料決定，稱為該材料的電阻率。

電導率 電阻率的倒數稱為電導率，$\sigma = \dfrac{1}{\rho}$。

惠斯同電橋（Wheatstone bridge） 惠斯同電橋是最常用的一種電阻測量儀器，它是通過待測電阻直接與標準電阻比較而確定其阻值，所以準確度較高，用它可以測量 $1 \sim 10^5 \, \Omega$ 範圍內的電阻。

電功率 電流通過一段電路時，電場力對電荷做功，單位時間內電場力做的功稱為電功率 P，它等於電路兩端的電壓 V 與通過電路的電流 I 的乘積，$P = IV$。電功率的單位為 W，在電力工程上常用 kW，瓦小時作為電功的單位，即平時所說的一度電。

焦耳定律（Joule's law） 電流通過導體時所產生的熱量 Q 與電流強度 I 的平方、導體的電阻 R 和電流通過的時間 t 成正比，即 $Q = I^2 Rt = \dfrac{V^2}{R} t = VIt$。

電動勢（Electromotive force，縮寫為 emf） 電路中引起電壓的原因，是電源將其他形式的能量轉變成電能的本領。電動勢的數值等於把單位正電荷從負極通過電源內部移到正極時，非靜電力所做的功；或等於單位正電荷繞閉合電路一周，非靜電力所做的功。

克希何夫第一定律 在直流電路中三個或三個以上的分支電路的交點稱為分支點或節點，假定流出分支點的電流強度為正，流入分支點的電流強度為負，則分支點上電流強度的代數和等於零，即 $\sum\limits_{i} I_i = 0$，該方程就稱為克希何夫第一定律。

克希何夫第二定律 在穩恆電流電路中，沿任何閉合迴路一周的電位能降落的代數和總等於零。即 $\sum\limits_{i} (\mp \varepsilon_i) + \sum\limits_{i} (\pm I_i R_i) = 0$，該方程就稱為

克希何夫第二定律。

湯姆森效應（Thomson effect）　當電流通過一個有溫度梯度的均勻導體時，除焦耳熱外，還將另外放出或吸收熱量，這個效應稱為湯姆森效應。

帕耳帖效應（Peltier effect）　讓兩塊不同種類金屬相互接觸，當其中有電流通過時，接觸處將有放出或吸收熱量的效應。若電流沿某一方向通過接觸點時放出熱量，則當電流沿相反方向通過時則吸收熱量。

賽貝克效應（Seebeck effect）　當兩種金屬 A 與 B 接成閉合迴路，並在兩個接頭處保持不同的溫度差時，迴路中將有電流通過。這種由兩種不同金屬接頭處有溫度差所產生的電動勢稱為溫差電動勢，該電路稱為溫差電偶或熱電偶（Thermocouple）。這種現象稱為賽貝克效應。

實驗指出，若冷接頭的溫度保持在 $t_0°C$，熱接頭的溫度為 $t°C$，則溫差電動勢與溫度的關係

$$\varepsilon_{AB} = a_{AB}\,(t - t_0) + \frac{1}{2} b_{AB}\,(t^2 - t_0^2)$$

式中，a_{AB}, b_{AB} 為金屬 A, B 的溫差電性質有關的特徵常數，稱為溫差電係數。

第二章　磁場

2.1　磁場

地磁　因地球帶有巨大的磁性而在其周圍形成的磁場。表現為它對磁針所起的定向作用。地磁的兩極接近地球的地理兩極，但並不完全重合，兩者之間的偏差隨著時間不斷在變化，如圖 2-1 所示。

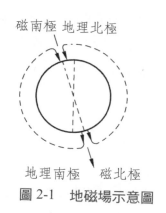

圖 2-1　地磁場示意圖

地磁要素　表示地磁場方向和大小的物理量。確定某一地點的地磁場情況需要確定三個要素，通常用的是磁偏角、磁傾角和地磁水平分量。

磁傾角　地球表面空間內任意一點的地磁場向量與水平面之間的夾角。

磁偏角　地磁場的水平分量同地理南北方向的夾角。

磁場　與電場一樣也是一種物質，存在於電流、運動電荷以及變化電場的周圍。磁場只對電流以及運動電荷有磁力作用，對靜止電荷沒有磁力作用。

磁感應強度　是用來描述各種載流導線周圍磁場強弱分佈的物理量，通常用向量 $\boldsymbol{B}$ 表示。磁感應強度的單位，在國際制中為 T，在高斯制中為 Gs，1 T $= 10^4$ Gs。

它的定義常見以下三種方法：

(1)用磁場對運動電荷的作用來描述磁場：當試驗電荷 q_0 以速度 v 通過磁場中某點 P 時，q_0 受到磁力 $\boldsymbol{F}$ 的作用，當 q_0 沿某一直線通過點 P 時，磁力 $\boldsymbol{F}$ 等於零。那麼使試驗電荷 q_0 沿垂直於這條直線以速度 $v_\perp$ 運動，這時的磁力為 $F_\perp$，則 $\boldsymbol{B}$ 的大小為

$$B = \frac{F_\perp}{q_0 v_\perp}$$

$\boldsymbol{B}$ 的方向為：$\boldsymbol{B}$ 平行於 $\boldsymbol{F}_\perp \times \boldsymbol{v}_\perp$。所以有 $\boldsymbol{B} = \dfrac{1}{q_0 v_\perp^2} \boldsymbol{F}_\perp \times \boldsymbol{v}_\perp$。

(2)用電流元在磁場中受力來描述磁場，當我們把試探電流元 $I\mathrm{d}l$ 放到磁場中某處時，它受到的力與試探電流元的取向有關，在某個特殊方向以及與之相反的方向上，受力為零，將電流元旋轉 $90°$，受的力達到最大 F_{max}，則空間某一點的磁感應強度的大小為 $B = \dfrac{F_{max}}{I\mathrm{d}l}$，$\boldsymbol{B}$ 的方向沿 $\boldsymbol{F} \times I\mathrm{d}l$。

(3)利用小電流線圈在磁場中受力來描述磁場。將通有電流的試探線圈，放在磁場中某點處，如果它可以自由轉動，則它將在某一位置平衡下來，磁場的方向即為這時該線圈的正法線方向（電流方向與法線方向的關係由右手螺旋法則決定）。當線圈繞著垂直於磁場方向的軸線轉過 $90°$ 時，它將受到最大力矩 M，則磁感應強度的大小 $B = \dfrac{M}{IS}$，式中 I、S 是試探線圈中的電流和面積。

必歐-沙伐定律（Biot-Savart law）　任一電流元 Idl 在空間某點處產生的磁感應強度 dB 的大小與 Idl 的大小成正比，與 dl 和電流元到場點 P 的位置向量 r 之間夾角 θ 的正弦成正比，與位置向量長度的平方成反比，即

$$dB = \frac{\mu_0}{4\pi} \frac{Idl \sin\theta}{r^2}$$

式中，$\mu_0 = 4\pi \times 10^{-7}$ H/m $= 4\pi \times 10^{-7}$ N/A^2 為真空磁導率。其向量表示式為

$$dB = \frac{\mu_0}{4\pi} \frac{Idl \times e_r}{r^2}$$

對於任意形狀的電流所產生的磁場等於各段電流元在該點所產生的磁場的向量和，即

$$B = \frac{\mu_0}{4\pi} \int \frac{I\mathrm{d}\boldsymbol{l} \times \boldsymbol{e}_r}{r^2}$$

直電流所產生的磁場 設一直導線載有電流 I，在離導線為 r_0 的點 P 處，磁感應強度 B 的大小為

$$B = \frac{\mu_0}{4\pi} \frac{I}{r_0}(\cos\theta_1 - \cos\theta_2)$$

式中，θ_1 與 θ_2 是直電流的方向與直電流始端和末端到 P 點處的位置向量 $\boldsymbol{r}$ 之間的夾角（見圖 2-2）。

對於無限長載流導線在離它 r_0 處的磁場（見圖 2-3）為

$$B = \frac{\mu_0}{4\pi} \frac{2I}{r_0}$$

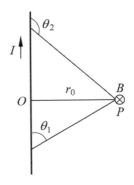

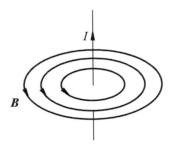

圖 2-2　直線電流的磁場　　圖 2-3　無限長直電流的磁感應線

圓電流在軸線上產生的磁場 如圖 2-4 所示，半徑為 R，電流強度為 I 的圓電流在離圓心為 d 處的軸上一點的磁場為

$$B = \frac{\mu_0}{2} \frac{R^2 I}{(R^2 + d^2)^{3/2}}$$

螺線管軸線上的磁場 如圖 2-5 所示，設一密繞螺線管單位長度上的匝數為 n，每匝中的電流強度為 I，則軸線上任一點的磁感應強度為

$$B = \frac{\mu_0}{2} nI(\cos\beta_1 - \cos\beta_2)$$

式中，β_1 與 β_2 為軸線分別與螺線管兩端所成的夾角。

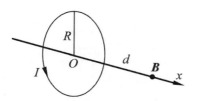

圖 2-4　圓電流軸線上產生的
　　　　磁場

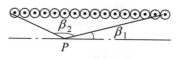

圖 2-5　直線螺線管軸線上任
　　　　一點的磁感應強度

若為無限長螺線管，則 $\beta_1 \to 0$，$\beta_2 \to \pi$，於是 $B = \mu_0 nI$；若在螺線管的一端軸上，另一端為無限長，即相當於 $\beta_1 \to 0$，$\beta_2 \to \frac{\pi}{2}$，則有 $B = \frac{1}{2}\mu_0 nI$。

亥姆霍茲線圈　間距等於半徑的一對共軸線圈，流著相等且相同的電流，這種線圈稱為亥姆霍茲線圈。

磁矩　電流圈的面積與電流強度的乘積稱為該線圈的磁矩。磁矩的方向與電流流動方向成右手螺旋關係。

安培定律　電流元 Idl 在外磁場 B 中所受的力大小 dF 與 Idl、B 及它們夾角的正弦成正比，即 $dF = Idl \times B$ 或 $F = \int Idl \times B$，上式就稱為安培定律。

磁感應線　是用來描述磁場的曲線，線上每一點的切線方向與該點的磁感應強度向量的方向相合。磁感應線都是圍繞電流的閉合線，或從無限遠處來到無限遠處去，既沒有起點，也沒有終點。圖 2-6 給出的是條形磁鐵和馬蹄形磁鐵的磁感應線分佈圖。

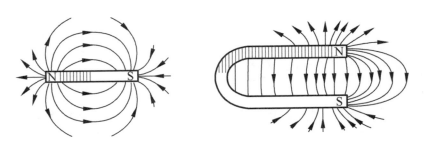

圖 2-6　條形磁鐵和馬蹄形磁鐵的磁感應線分佈

磁通量　是指通過某一垂直截面的磁感應線的總條數，即

$$\Phi = \oint_S B \cdot dS$$

磁通量的單位是 Wb（韋〔伯〕）（1 Wb＝1 T・m²）。

磁場的高斯定理 在任何磁場中通過任意封閉曲面的磁通量總等於零。即

$$\oint_S \boldsymbol{B} \cdot d\boldsymbol{S} = 0$$

和電場的高斯定理相比，可知磁通的連續性反映自然界中沒有與電荷相對應的「磁荷」存在。

勞侖茲力 電量為 q 的電荷在磁場 $\boldsymbol{B}$ 中以速度 v 運動時受到的磁力稱為勞侖茲力。其大小和方向為 $\boldsymbol{F} = q\boldsymbol{v} \times \boldsymbol{B}$，若該電荷在電磁場中運動，則所受力為 $\boldsymbol{F} = q(\boldsymbol{E} + \boldsymbol{v} \times \boldsymbol{B})$。

安培環路定理 在恆定電流的磁場中，磁感應強度 B 沿任何閉合迴路路徑 L 的線積分等於路徑 L 所包圍的電流強度的代數和的 μ_0 倍，即

$$\oint_L \boldsymbol{B} \cdot \mathrm{d}\boldsymbol{l} = \mu_0 \sum_i I_i$$

式中，$\sum_i I_i$ 表示 L 迴路中包圍的電流。對於閉合迴路的恆定電流來說，只有與閉合迴路相交鏈的電流，才算被 L 包圍的電流，穿過邊界的電流不計在內。安培環路定理反映了磁場的基本規律。和靜電場的環路定理相比較，穩恆磁場中 B 的環流，說明穩恆磁場的性質和靜電場不同，靜電場是保守場，穩恆磁場是非保守場。

無限長圓柱面電流的磁場 設圓柱面半徑為 R，面上均勻分佈的總

電流為 I，根據安培環路定理，磁場分佈為

$$B = \frac{\mu_0 I}{2\pi r} , \ r > R$$
$$B = 0 , \quad r < R$$

2.2 磁場中的磁介質

磁介質 在考慮物質受磁場的影響或它對磁場的影響時，物質統稱為磁介質。根據它們的種類或狀態的不同，可以分為順磁介質（Paramagetism）、抗磁介質（Diamagetism）和鐵磁介質（Ferromagetism）。

順磁介質 當它們處於外磁場中時，呈現十分微弱的磁性，磁化後具有與外磁場相同方向的附加磁場，它們具有正的磁化率，其相對磁導率 $\mu_r > 1$。

抗磁介質 它們在外磁場中呈現微弱的磁性，磁化後的附加磁場與外磁場的方向相反，具有負的磁導率，其相對磁導率 $\mu_r < 1$。

鐵磁介質 它們在外磁場中呈現出較大的磁性，而且隨外磁場的大小發生變化，這種磁介質稱為鐵磁介質。磁化後的磁場與外磁場的方向相同，其相對磁導率 $\mu_r \gg 1$。

束縛電流 一塊順磁介質放到外磁場中，它的分子固有磁矩要沿著磁場方向的取向，如圖 2-7(a)所示。一塊抗磁介質放到外磁場中時，它的分子要產生感生磁矩，如圖 2-7(b)所示。考慮和這些磁矩相對應的小

圓電流，可以發現在磁介質內部各處總是有相反方向的電流流過，它們的磁作用相互抵消。但在磁介質的表面，這些小圓電流外部未被抵消，它們沿著相同的方向流通，這些小圓電流的總效果相當於在介質圓柱體表面上有一層電流。這種電流叫束縛電流或磁化電流。

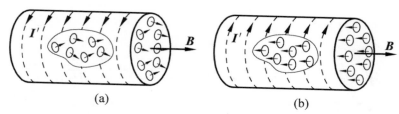

(a)　　　　　　　(b)

圖 2-7　　磁介質表面束縛電流的產生

磁極化強度　　磁介質中某一點的磁化強度向量 M 等於該點處單位體積內分子磁矩的向量和。若以 $\sum_i m_i$ 表示磁介質中某一點附近小體元 ΔV 內分子磁矩的向量和，則該點的磁化強度為

$$M = \lim_{\Delta V \to 0} \frac{\sum_i m_i}{\Delta V}$$

磁化強度與磁化電流的關係　　在外磁場作用下，分子電流出現有規則取向，形成宏觀的磁化電流，磁化愈厲害，磁化電流愈強，它們的關係為

$$I' = \int_S J' \cdot \mathrm{d}S = \oint_L M \cdot \mathrm{d}l$$

式中，J' 為磁化電流密度，S 為以 L 作周界的任意曲面。

磁場強度 是關於磁介質中磁場的一個輔助向量，介質中某點的磁場強度 H 等於該點的磁感應強度 B 與介質磁導率 μ（$\mu = \mu_r \mu_0$）的比值，磁場強度的單位為 A/m（安培／公尺）。其運算式為

$$H = \frac{B}{\mu}$$

磁化率 磁化強度 M 與磁場強度 H 之比，即 $\chi_m = \dfrac{M}{H}$。

磁導率和相對磁導率 表示在外磁場作用下物質磁化程度的物理量，$\mu_r = 1 + \chi_m$，χ_m 為磁化率，μ_r 為相對磁導率。對於均勻介質而言，χ_m 和 μ_r 為常數；如介質不均勻，則 χ_m 與 μ_r 是位置的函數。

磁滯損耗（Magnetic hysteresis loss） 把鐵磁介質放到週期性變化的磁場中被反復磁化時，它會變熱。變壓器或其他交流電磁裝置中的鐵芯在工作時由於這種反復磁化發熱而引起的能量損失叫磁滯損耗。

居里溫度（Curie temperature） 亦稱居里點，鐵磁質轉變為順磁質時的溫度。高於居里溫度時，物質呈順磁性，低於居里溫度時，物質呈鐵磁性，不同的鐵磁質的居里溫度是不同的。

磁疇（Magnetic domain） 在鐵磁體記憶體在著無數個線度約為 10^{-4} m 的小區域，這些小區域稱為磁疇。在每個磁疇中，所有原子的磁矩全都向著同一個方向排列整齊了，因而具有磁性。在未磁化的鐵磁體中，各磁疇的磁矩的取向是無規則的，因而整塊鐵磁質在宏觀上沒有明顯的磁性。

　　磁致伸縮（Magnetostriction）　　在迅速交變磁化過程中，鐵磁體的體積發生變化的現象。

　　磁能密度　　磁場的能量密度為 $w_m = \dfrac{1}{2}\boldsymbol{B} \cdot \boldsymbol{H}$。

第三章 電磁感應和交流電

3.1 電磁感應

冷次定律（Lenz's law） 當穿過一個閉合導體迴路所限定的面積的磁通量發生變化時，迴路中就出現電流。其感應電動勢總具有這樣的方向，它所產生的感應電流在迴路中產生的磁場卻阻礙引起感應電動勢的磁通量的變化，這個規律就稱為冷次定律。根據這個定律可以確定感應電流的方向。

法拉第電磁感應定律（Faraday's law of induction） 通過迴路所圍面積的磁通量不論由於何種原因發生變化時，在迴路中產生的感應電動勢的大小與磁通量對時間的變化率成正比，即

$$\mathscr{E} = -\frac{\mathrm{d}\Phi}{\mathrm{d}t}$$

式中，負號表示感應電動勢的方向與磁通量變化的關係。

動生電動勢 在穩恆磁場中運動著的導體或導體迴路中產生的電動勢。設在磁場內放置一個任意形狀的導線線圈 L，線圈可以是閉合的，也可以是不閉合的。當此線圈在運動或發生變形時，這一線圈中的任意一小段都可能有一速度 v，一般情況下，不同的 $\mathrm{d}l$ 具有不同的速度 v，

這時，整個線圈中產生的動生電動勢為

$$\mathcal{E} = \int_L (v \times B) \cdot dl$$

一段導體在磁場中運動時所產生的動生電動勢的方向可以用右手定則：伸平右手並使拇指與其他四指垂直，讓磁感線從掌心穿入，當拇指指著導體運動方向時，四指所指的方向就是導體產生的動生電動勢的方向。

感生電動勢　導體不動，因磁場的變化而產生的電動勢，即磁通量的變化僅僅是由磁場變化引起的。

$$\mathcal{E} = -\frac{d\Phi}{dt} = -\frac{d}{dt}\oint_S B \cdot dS$$

感生電動勢的產生是由於變化的磁場在空間激起一種感應電場，正是這種感應電場的存在才使得放在變化磁場中的導體內產生感應電動勢，所以

$$\oint_L E_i \cdot dr = -\frac{d}{dt}\oint_S B \cdot dS$$

式中，S 是以迴路 L 作周界的任意曲面，L 為導體的迴路。

自感現象　當一個電流迴路的電流 i 隨時間變化時，通過迴路自身的全磁通也發生變化，因而迴路中也產生感生電動勢。這就是自感現象，這時產生的感生電動勢稱為自感電動勢。

自感係數 簡稱自感。它取決於迴路的大小、形狀、線圈的匝數以及它周圍磁介質的分佈。在國際單位制中，自感係數的單位為 H（亨〔利〕），1 H = 1 Wb/A。

自感電動勢 在任何一個迴路中，在 L 一定的條件下，由電磁感應定律可知，在閉合迴路中所產生的自感電動勢為

$$\mathscr{E}_L = -\frac{\mathrm{d}\psi}{\mathrm{d}t} = -L\frac{\mathrm{d}i}{\mathrm{d}t}$$

互感現象 在任何一個迴路中，當其中的電流隨時間改變時，它周圍的磁場也隨時間變化，在附近的導體迴路中就會產生感生電動勢。這種現象就稱為互感現象，所產生的感生電動勢就稱為互感電動勢。

互感係數 簡稱互感。當迴路周圍空間沒有鐵磁質時，互感係數 M 只與兩迴路的形狀、大小、相對位置以及所在磁介質有關。對於兩個固定的閉合迴路 L_1 和 L_2 來說，互感係數是一個常數，有 $M_{12} = M_{21} = M$，M 為互感係數。

互感電動勢 對於兩個固定的閉合迴路 L_1 和 L_2 來說，在 $M_{21} = M_{12} = M$ 一定的條件下，迴路中產生的互感電動勢為

$$\mathscr{E}_{21} = -\frac{\mathrm{d}\psi_{21}}{\mathrm{d}t} = -M_{21}\frac{\mathrm{d}i_{12}}{\mathrm{d}t}$$

或

$$\mathscr{E}_{12} = -\frac{\mathrm{d}\psi_{12}}{\mathrm{d}t} = -M_{12}\frac{\mathrm{d}i_{21}}{\mathrm{d}t}$$

自感磁能　　當自感係數為 L 的迴路中通有電流強度為 I 時，所具有的磁能為 $\frac{1}{2}LI^2$，所以

$$W_m = \frac{1}{2}LI^2 = \frac{1}{2}\int_V (\boldsymbol{B} \cdot \boldsymbol{H}) \cdot \mathrm{d}V$$

如果可以求出磁場分佈，利用此式可以得到自感係數。

互感磁能　　如果在兩個相鄰的迴路 1、2 中，分別通有電流 I_1、I_2，由於互感的作用，將會產生互感磁能，在無鐵磁質的情況下，互感磁能為 $MI_1 I_2$。當兩個迴路中各自建立起電流 I_1、I_2 時，在每個迴路中各自儲有自感磁能 $\frac{1}{2}LI_1^2$ 與 $\frac{1}{2}LI_2^2$ 時，則相鄰兩載流迴路中儲存的磁能為

$$W_m = \frac{1}{2}L_1 I_1^2 + \frac{1}{2}L_2 I_2^2 + MI_1 I_2$$

渦流　　在塊狀導體中產生的感應電流稱為渦流。利用渦流的熱效應可以用來冶煉金屬，現代大型鋼廠中的感應電爐即是這種裝置。另外如電子管中利用感應加熱驅除金屬中吸附的氣體等，利用渦流的阻尼效應廣泛用於電磁儀錶中。

3.2 交流電

交流電　如果電流的大小和方向隨時間作週期性的變化，則稱為交變電流，簡稱交流電。如果隨時間的變化關係是正弦或餘弦函數的波形，這樣的交流電稱為簡諧交流電。

簡諧交流電的特徵量　對於按簡諧規律變化的交流電來說，幅值、頻率和位元相是用以確定交流電各量瞬時值的三個特徵量。在交流電路中，電源電壓的頻率往往是給定的，因此只需求出各量的幅值與相位。

交流電的有效值　交流電的有效值是這樣規定的，如果一個交流電通過一個電阻，在一個週期的時間內所產生的熱量和某一穩恆電流通過同一電阻，在相同時間內產生的熱量相等，那麼，這個穩定電流的量值就稱為交流電的有效值。從數學上看來，交流電 i 的有效值 I 為

$$I = \sqrt{\frac{1}{T} \int_0^T i^2 \, dt}$$

阻抗　當電壓和電流為正弦波時，具有電阻、電感、電容的電路對交流電所起的阻止和抵抗作用。它等於輸入端的電壓有效值與電流有效值的比值。單位為歐姆（Ohm）。

容抗　純電容元件的阻抗稱為容抗，用 Z_C 表示，它等於

$$Z_C = \frac{1}{\omega C} = \frac{1}{2\pi f C}$$

式中，ω 是交流電的角頻率，f 是頻率，C 是電容元件的電容。

感抗　純電感元件的阻抗稱為感抗。用 Z_L 表示，它等於

$$Z_L = \omega L = 2\pi f L$$

式中，L 是電感元件的自感係數。

阻抗匹配（Impedance matching）　當負載電阻與電源內阻相等時，輸出到負載的功率最大，這個條件稱為匹配條件。

暫態功率　交流電在某一元件或組合電路中暫態消耗的功率稱為暫態功率，它等於暫態電壓 $u(t)$ 和電流 $i(t)$ 的乘積。

平均功率　交流電在一個週期內所完成功率的平均值稱為平均功率。它是電路所有部分在單位時間內釋放出的各種形式的能量的總和，平均功率亦稱有用功率，在數值上

$$P = UI\cos\phi$$

功率因數（Power factor）　交流電中電流與電壓間的位元相差 ϕ 的餘弦 $\cos\phi$ 稱為功率因數。

無功功率　它等於電流、電壓的有效值與它們的位相差 ϕ 的正弦的乘積，即 $P_{無功} = IU\sin\phi$。

品質因數　一個電抗元件的品質因數（簡稱 Q 值）的定義為無功功率與有功功率的比值，$Q = \dfrac{P_{無功}}{P}$。Q 越小表示各種損耗越小。

第四章　馬克士威方程和電磁波

4.1　馬克士威方程組

位移電流　位移電流正比於電位移向量的時間變化率，它包括電場強度的變化和電介質極化強度的變化兩部分。在磁效應上，它與傳導電流等效，即

$$J_D = \frac{\partial \boldsymbol{D}}{\partial t} = \varepsilon_0 \frac{\partial \boldsymbol{E}}{\partial t} + \frac{\partial \boldsymbol{P}}{\partial t}$$

式中，$\boldsymbol{D}$ 為電位移向量，$\boldsymbol{E}$ 為電場強度，$\boldsymbol{P}$ 為電極化向量。

馬克士威方程組　真空中的馬克士威積分形式為

$$\oint_S \boldsymbol{E} \cdot \mathrm{d}\boldsymbol{S} = \frac{q}{\varepsilon_0} = \frac{1}{\varepsilon_0} \int_V \rho \mathrm{d}V \; , \; \oint_L \boldsymbol{E} \cdot \mathrm{d}\boldsymbol{r} = -\frac{\mathrm{d}\Phi}{\mathrm{d}t} = -\int_S \frac{\partial \boldsymbol{B}}{\partial t} \cdot \mathrm{d}\boldsymbol{S}$$

$$\oint_S \boldsymbol{B} \cdot \mathrm{d}\boldsymbol{S} = 0 \; , \; \oint_L \boldsymbol{B} \cdot \mathrm{d}\boldsymbol{r} = \mu_0 I + \frac{1}{c^2} \frac{\mathrm{d}\Phi_e}{\mathrm{d}t} = \mu_0 \int_S \left(\boldsymbol{J} + \varepsilon_0 \frac{\partial \boldsymbol{E}}{\partial t} \right) \cdot \mathrm{d}\boldsymbol{S}$$

在有介質的情況下，利用輔助量 $\boldsymbol{D}$ 和 $\boldsymbol{H}$，馬克士威方程組的積分形式為

$$\oint_S \boldsymbol{D} \cdot \mathrm{d}\boldsymbol{S} = \int_V \rho \mathrm{d}V \; , \; \oint_L \boldsymbol{E} \cdot \mathrm{d}\boldsymbol{r} = -\int_S \frac{\partial \boldsymbol{B}}{\partial t} \cdot \mathrm{d}\boldsymbol{S}$$

$$\oint_S \boldsymbol{B} \cdot \mathrm{d}\boldsymbol{S} = 0 \; , \; \oint_L \boldsymbol{H} \cdot \mathrm{d}\boldsymbol{r} = \int_S \left(\boldsymbol{J} + \frac{\partial \boldsymbol{D}}{\partial t} \right) \cdot \mathrm{d}\boldsymbol{S}$$

式中，D 為電位移向量，E 為電場強度，B 是磁感應強度，H 是磁場強度，ρ 為自由電荷體密度，J 為傳導電流密度。

坡印廷向量 單位時間內通過垂直於能量傳遞方向上單位截面的電磁能量稱為坡印廷向量 S，亦稱能流密度向量，它與電場強度向量 E 與磁感應強度向量 B 之間的關係為 $S = \dfrac{1}{\mu_0} E \times B$，$E$ 與 B 的關係如圖 4-1 所示。

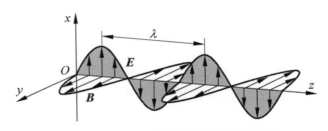

圖 4-1 電磁波中的電場和磁場的關係

4.2 電磁波

電磁波 電磁擾動在空間的傳播。某處電場或磁場發生變化時，在其周圍就引起電磁場，並以光速將能量向各處傳播，從而形成電磁波。無線電波、紅外線、可見光、紫外線、X 射線及 γ 射線都是電磁波。

電磁波的波動方程 在沒有電荷、電流分佈的自由空間中，電場和磁場相互激發，它們滿足的波動方程為

$$\nabla^2 E - \frac{1}{c^2}\frac{\partial^2 E}{\partial t^2} = 0$$

$$\nabla^2 B - \frac{1}{c^2}\frac{\partial^2 B}{\partial t^2} = 0$$

式中，c 是電磁波在真空中的傳播速度。

定態波動方程　以一定頻率作正弦振盪的波稱為定態電磁波（單色波）。對於角頻率為 ω 的定態電磁波，它的波動方程式為

$$\nabla^2 E + k^2 E = 0$$

上式稱為亥姆霍茲方程（Helmholtz equation）。式中 $k = \omega\sqrt{\mu\varepsilon}$ 稱為波數。μ、ε 為介質的磁導率和介電常數。亥姆霍茲方程的每一個滿足 $\nabla \cdot E = 0$ 的解代表一種可能存在的波形。

平面電磁波　波振面為一平面的電磁波稱為平面電磁波，平面電磁波的表示形式為

$$E(x, t) = E_0 e^{i(k \cdot x - \omega t)}$$

式中，k 為波向量。平面波具有以下性質：

(1)電磁波為橫波，E 和 B 都與傳播方向垂直；

(2)E 和 B 相互垂直，$E \times B$ 沿波向量 k 的方向；

(3)E 和 B 同相位，振幅比為相速 v；

(4)波的相速 $v = \dfrac{1}{\sqrt{\mu\varepsilon}}$，在真空中 $v = \dfrac{1}{\sqrt{\mu_0\varepsilon_0}} = c$，即電磁波在真空中的傳播速度與光速相同。

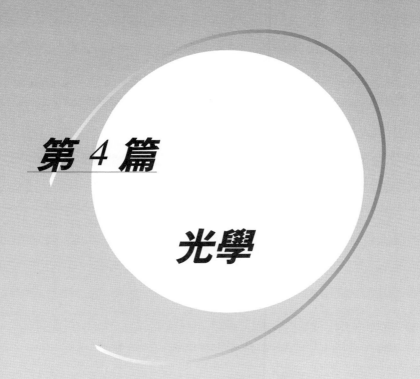

第 4 篇

光學

　　光學是物理學中發展較早的一門學科，至今已有 2500 年的歷史。它的研究內容非常廣泛，包括光的本性，光的發射、傳播和接收，光和物質相互作用（如光的吸收、色散和散射以及光的熱、電、壓力、化學、生理等效應）。光學既是物理學中最古老的一門基礎學科，又是當前科學領域中最活躍的前線陣地，在人們的生產、生活中發揮著巨大的作用。光學按照它的發展階段可以分為四個部分：幾何光學（Geometrical optics）、波動光學（Wave optics）、量子光學（Quantum optics）和現代光學（Modern optics）。

第一章 幾何光學

1.1 基本概念

幾何光學 是不考慮光的波動特性，僅以直線傳播性質為基礎，研究光在透明介質中傳播問題的光學，它是以三個實驗定律為基礎建立起來的：(1)光的直線傳播定律；(2)光的獨立性定律；(3)光的反射和折射定律。幾何光學是波動光學當波長相比於研究物件的尺寸趨於零時的極限近似。

光 是一種電磁波，和機械波一樣在不同的分介面上會發生反射和折射，在傳播過程中會出現干涉和繞射現象，但又和機械波有本質的不同，機械波的傳播需要介質，而光波的傳播是不需要媒質的，在真空中光的傳播速度為 c。光具有波粒二象性，即在一定條件下表現出波動性，而在另外的條件下表現出粒子性。

光源 輻射光能的物體，如太陽、火焰、白熾燈等。

點光源 當光源的幾何線度比觀察點到光源的距離小得多時，此光源稱為點光源。

光線 光線是代表光傳播方向的幾何線，是人們從光學現象中抽象出來的一個概念，代表光波能量的傳播方向。

光的直線傳播定律 在同一種均勻、各向同性的透明介質中，光總

是沿著直線的方向傳播，這個規律稱為光的直線傳播定律。如影子的形成即是光直線傳播的結果。光在傳播過程中，當障礙物的尺寸比波長大得多時，光的波動性表現得不明顯，光的直線傳播定律成立。

光的獨立性定律　當光從不同的方向通過介質中的某點時互不影響，相遇後各自保持各自的頻率，且按原方向傳播，光的這種傳播規律稱為光的獨立性定律。當光的強度很強時，會出現非線性效應，此時光的獨立性定律不再成立。

光的可逆性原理　幾何光學的基本定律之一。當光在介質中傳播時，如沿原路徑反向入射，則光將沿著原路徑按相反的方向傳播。

光的反射定律　設介質 1、2 都是透明、均勻和各向同性的，當光束由介質 1 射到介質 2 時，在一般情況下入射光束將分解為兩束光線：即反射線和折射線。入射線與分介面的法線構成的平面稱為入射面。分介面法線與入射線、反射線和折射線所組成的夾角分別稱為入射角、反射角和折射角。光線經分介面返回到第一種介質中的現象稱為光的反射。實驗表明：①反射線與折射線都在入射面內。②反射角 i 等於入射角 i。

光的折射定律　當光線經兩種介質的平滑介面發生折射時：①折射光線在入射面內，並和入射線分居在法線的兩側。②折射角 r 和入射角 i 滿足

$$\frac{\sin i}{\sin r} = \frac{n_2}{n_1}$$

其中 n_1 和 n_2 分別為介質 1、2 的折射率。

折射率　表示透明物質折光性能的物理常數。折射率是表示兩種介質中光速比值的物理量。光在第一種介質中傳播的相速度 v_1 與在第二種介質中傳播的相速度 v_2 的比值，稱為第二種介質相對於第一種介質的相對折射率，即 $v_1/v_2 = n_{21}$。任一介質相對於真空的折射率稱為此介質的絕對折射率，即 $c/v = n$，真空的絕對折射率為 1。根據光的電磁理論，介質的折射率與介質的介電常數及磁導率有關，滿足

$$n = \frac{c}{v} = \sqrt{\frac{\mu\varepsilon}{\mu_0\varepsilon_0}}$$

全反射　若光從光密介質 1 射向光疏介質 2 時，當入射角大於某一臨界角 i_c 時，在介質 2 中將沒有折射線產生，入射光線全部反射回介質 1，這種現象叫全反射。

光密介質和光疏介質　這是一個相對的概念，在兩種介質中，光速較大或者說折射率較小的介質叫光疏介質，反之為光密介質。

臨界角　產生全反射的最小入射角稱為臨界角 i_c。

$$i_c = \arcsin\frac{n_2}{n_1}$$

式中，n_1、n_2 分別表示介質 1 和介質 2 的折射率。

光程　光在介質中傳播的幾何路程 r 乘以這個介質的折射率 n，$\delta = rn$。光在折射率為 n 的介質中通過路程 r 時，光振動相位落後 $\Delta\phi =$

$\dfrac{2\pi}{\lambda}nr$，其中 λ 為真空中的波長。

費馬原理（Fermat Principle） 1657 年法國數學家費馬首先提出，光在兩點之間行進，實際光程總是一個極值，其數學表達為

$$\int_A^B ndr = 極值 \quad （極小值、極大值或恆定值）$$

從費馬原理可以直接推出光在均勻介質中的直線傳播定律以及光的反射和折射定律。

1.2　光學成像

光學成像 從物點發出的同心光束經光具組轉換成另一同心光束。

同心光束 各光線本身或其延長線交於同一點的光束，叫同心光束。

光具組 由若干反射面和折射面組成的光學系統，叫光具組。

物點和像點 如果一個以 Q 點為中心的同心光束經光具組的反射或折射後轉化為另一以 Q' 為中心的同心光束，那麼這裡 Q 點稱為物點，Q' 點稱為像點。

實像和虛像 光線的實際會聚點叫做實像，實像可以用光屏來接收。發散光線的反向延長線的會聚點叫做虛像，虛像不能用光屏接收。

1.3　光學元件

光學元件　對光線傳播形成反射、折射、透射等作用的光學系統，如透鏡、稜鏡、光闌、光柵（Grating）等，就稱為光學元件。

稜鏡（Prism）　由透明介質（如玻璃、水晶等）製成的一種多面體。它具有兩個以上的斜交面。稜鏡的主要作用是改變光線的行進方向，當用複色光去照射的時候，還可以起到分光的作用。

透鏡（Lens）　由透光材料磨制而成的一種光學元件，一般有兩個或兩個以上的光學曲面組成。透鏡可以分為會聚透鏡和發散透鏡兩種。對光線起會聚作用的透鏡稱為會聚透鏡，平行入射光經過會聚透鏡後，出射光線會聚於一點，此點稱為實焦點。對光線起發散作用的透鏡稱為發散透鏡。平行入射光經過發散透鏡後，出現光線發散，其反向延長線將交於一點，此點稱為虛焦點。

凸透鏡（Convex lens）和凹透鏡（Concave lens）　折射面向外凸出的透鏡叫凸透鏡。折射面向內凹進的透鏡叫凹透鏡。

薄透鏡和厚透鏡　若透鏡兩球面在光軸上的間隔（稱透鏡的厚度）和它的焦距相比可以忽略不計的透鏡稱薄透鏡。若透鏡兩球面在光軸上的間隔（稱透鏡的厚度）和它的焦距相比不能忽略的透鏡稱厚透鏡。

球面反射鏡　反射面是球面的反射鏡，就稱為球面反射鏡。它可分

為凹面鏡和凸面鏡兩種。凹面鏡對光束起會聚作用，凸面鏡對光束起發散作用。

光纖（Optical fiber） 又稱光導纖維（Optical waveguide fiber）。用一種透明的光學材料（如石英、玻璃、塑膠等）拉製而成，用於傳播光的波導。其直徑一般在幾微米到幾十微米之間。光纖依靠全反射定律來傳播光。

光闌（Stop） 光學元件的邊緣，或者一個有一定幾何形狀的開孔的屏稱為光闌。

光軸 共軸光具組的球心連線叫光軸。

近軸光線（Paraxial rays） 光軸附近的光線叫近軸光線。

物焦點和像焦點 軸上無窮遠像點的共軛點稱為物焦點，軸上無窮遠物點的共軛點稱為像焦點。

焦距（Focal length） 焦點和球面定點之間的距離稱為焦距。

主軸 連接透鏡兩球面曲率中心的直線稱為透鏡的主軸。

主截面 包含主軸的任一平面稱為主截面。

放大率 像的橫向大小和物的橫向大小的比值，稱為放大率。

1.4 光學儀器

瞳孔（Pupil） 虹膜的中心有一圓孔，稱為瞳孔，瞳孔的作用是調

節進入眼內的光通量的多少，其作用相當於光闌。

近點和遠點　眼睛能看清楚的最近點和最遠點分別稱為近點和遠點。

明視距離　在適當的照明下，人眼長時間不感覺疲勞的最小適應距離稱為明視距離，通常人眼的明視距離是 25 cm。

近視眼和遠視眼　遠點在眼前有限距離遠的眼稱為近視眼，而近點變遠的眼稱為遠視眼。

放大鏡　具有一定放大倍數的會聚透鏡，稱為放大鏡。

顯微鏡　組合的具有放大功能的光具組。最簡單的顯微鏡由兩組透鏡組成，一是物鏡，二是目鏡。

目鏡（Eyepiece 或 Ocular lens）**和物鏡**（Objective lens）　直接用於人眼觀察的會聚透鏡組叫目鏡，而物鏡則是直接朝向被觀察物的會聚透鏡組。

望遠鏡　依賴增加被觀測物的視角來看清遠處物體的光學儀器。

電子顯微鏡（Electron Microscopy）　用高速運動的電子束代替光束，使電子束在特殊的電子系統中成像的顯微鏡。1932 年由德國的 Knoll 和 Ruska 發明。由於電子的波長比光的波長小得多，只有幾個埃甚至百分之幾埃，因此電子顯微鏡的分辨本領比普通顯微鏡高近千倍。電子顯微鏡是觀察和研究物質微觀結構的強有力工具。

光譜儀（Spectroscope）　利用光柵或稜鏡等分光裝置，將複色光按不同波長分成光譜的光學儀器。

攝譜儀（Spectrograph）　一種具有記錄光譜圖像功能的光譜儀。

　　單色儀　它是在光譜儀的出口端放置一個狹縫，其功能是僅使某一波長的光通過。

第二章　波動光學

2.1　光的干涉

　　光的干涉　滿足相干條件的兩束光在空間疊加時，在疊加區域光的強度或明暗有一穩定的分佈，這種現象稱為光的干涉（Interference）。

　　楊氏雙縫干涉（Young's double-slit interference）　湯瑪斯·楊在1801年成功地獲得了相干的兩列光波，並觀測到了它們的明暗相間的干涉條紋。這是確立光的波動性的最有力的首次實驗證明。圖 2-1 是大致的一個實驗光路圖。

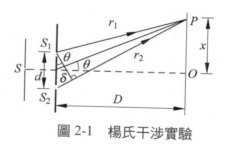

圖 2-1　楊氏干涉實驗

　　亮紋條件：當從 S_1 和 S_2 到 P 點的光程差

$$\delta = d\sin\theta = \pm\ k\lambda \text{，} k = 0,\ 1,\ 2,\ \cdots$$

此時兩相干光到達 P 點的相位差為 $2k\pi$。

暗紋條件：當從 S_1 和 S_2 到 P 點的光程差

$$\delta = d\sin\theta = \pm (2k-1)\frac{\lambda}{2} \text{，} k = 1, 2, 3, \cdots$$

此時兩相干光到達 P 點的相位差為 $(2k-1)\pi$。

k 稱為條紋的級次。若以 x 表示 P 點在屏 H 上的位置，則有 $x = D\tan\theta$。當 θ 很小時，$\tan\theta \approx \sin\theta$，進一步可得

亮紋中心的位置為 $x = \pm k\dfrac{D}{d}\lambda$，$k = 0, 1, 2, \cdots$。

暗紋中心的位置為 $x = \pm (2k-1)\dfrac{D}{2d}\lambda$，$k = 1, 2, 3, \cdots$。

相鄰兩亮紋或暗紋之間的距離都是 $\Delta x = \dfrac{D}{d}\lambda$。

分波面法（Detaching wavefront methods）　如圖 2-2 所示，光源 S 發出的光的波振面同時到達 S_1 和 S_2。通過 S_1 和 S_2 的光是光源 S 所發出的同一波振面的兩部分，是相干光，這種獲得相干光的方法叫分波面法。

分振幅法（Detaching amplitude methods）　如圖 2-3 所示，在薄膜干涉中，干涉條紋是薄膜上下表面的反射光相干造成的，這兩束光來源於同一入射光，是相干光，但能量不同，所以這種獲得相干光的方法叫分振幅法。

相干光（Coherence light）　滿足相干條件的光稱為相干光。

相干條件（Coherence）　通常把振動方向相同，頻率相同，相位差恆定的條件稱為相干條件。

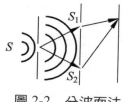

圖 2-2　分波面法

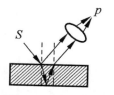

圖 2-3　分振幅法

建設性干涉（Constructive interference）　合振幅最大的相干疊加稱作建設性干涉，此時條紋的亮度最大，形成亮條紋。

破壞性干涉（Destructive interference）　合振幅最小的相干疊加稱作破壞性干涉，此時條紋的亮度最小，形成暗條紋。

襯比度（Contrast）　為了表示條紋的對比度，引入襯比度 V 的概念，它的定義是

$$V = \frac{I_{max} - I_{min}}{I_{max} + I_{min}} \ , \ 0 \le V \le 1$$

為了獲得明暗對比鮮明的干涉條紋，以利於觀測，應力求兩相干光的光強相等。

菲涅耳雙鏡干涉實驗（Fresnel double prism）　實驗裝置如圖 2-4 所示，它是由兩個夾角很小的平面鏡 M_1 和 M_2 組成，S 為線光源，其長度方向與兩個鏡面的交線平行。由 S 發出的光的波振面到達鏡面上時也分成兩部分，它們分別由兩個平面鏡反射，兩束反射光也是相干光，在它們的空間重疊區放置一個觀察屏，可觀測到明暗相間的干涉條紋。

洛伊鏡干涉實驗（Lloyd's mirror interference） 實驗裝置如圖 2-5 所示，S 為線光源，M 為平面鏡。S 發出的光的波振面一部分直接照到屏上，另一部分經平面鏡反射後照到屏上，這兩部分光也是相干光，在空間交疊區可發生干涉，在接收屏上可觀測到干涉條紋。

準單色光（Quasi-monochrome） 只有一種頻率的光叫單色光（Monochrome）。嚴格地說，單色光源所發出的光也不絕對是單一頻率或單一波長，而是有一個很窄的頻率或波長範圍，這種光嚴格地說應叫做準單色光。

相干長度（Coherent length） 有一定譜線寬度的單色光射入干涉裝置後，能夠清楚地觀察到干涉條紋的最大光程差 $\delta_{\max}$ 稱為相干長度，即

$$\delta_{\max} = \frac{\lambda^2}{\Delta\lambda}$$

光的單色性越差，相干長度越小。

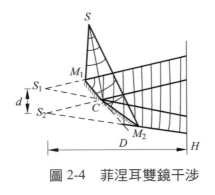

圖 2-4　菲涅耳雙鏡干涉

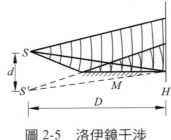

圖 2-5　洛伊鏡干涉

時間相干性（Tempreal coherence） 光源在同一時刻發出的光分為兩束光後又先後到達某一觀察點，只有當這個先後到達的時差小於某一值 τ 時才能在觀察點產生干涉。這一時差 τ 叫相干時間（Coherence time），它決定了光的時間相干性。

非相干疊加 兩束光在空間相遇，如果它們振動方向不相同，振動頻率不相同，或振動的相位差不恆定，那麼合振幅就不可能穩定，這樣不可能觀測到它們的干涉條紋。交疊區的總光強為兩束光光強的簡單相加，這稱為非相干疊加。

空間相干性（Spatial coherence） 兩個光源之間能產生干涉的最小空間間隔決定了光場的空間相干性。

等厚條紋 在厚度不均的薄膜干涉中，薄膜表面的同一等厚線上形成同一級次的干涉條紋稱為等厚條紋，條紋的形狀決定於等厚線的形狀。

半波損失 光從光疏介質射入光密媒質時，在掠射（入射角接近 90°）和正射（入射角接近 0°）兩種情況下，反射光相對於入射光都會有一個相位 π 的變化，剛好對應半個波長，所以叫半波損失。當光從光密介質進入光疏介質時反射，沒有半波損失。

劈尖干涉 如圖 2-6 所示，劈尖是由兩個夾角很小的平面組成，中間填充介質。光經此劈尖薄膜形成的干涉叫做劈尖干涉。光從介質膜上下表面反射的光在上表面附近相遇，而發生干涉。相遇時光程差為

$$\delta = 2ne + \frac{\lambda}{2}$$

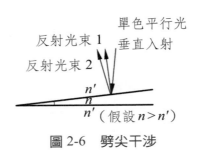

圖 2-6　劈尖干涉

建設性干涉產生亮紋的條件是

$$2ne + \frac{\lambda}{2} = k\lambda，k = 1, 2, 3, \cdots$$

破壞性干涉產生暗紋的條件是

$$2ne + \frac{\lambda}{2} = (2k + 1)\lambda，k = 0, 1, 2, \cdots$$

這裡 k 是干涉條紋的級次。由於條紋的干涉條件只和厚度有關，所以等厚的地方，條紋干涉的級次及明、暗情況也相同。由於劈尖的等厚線是一些平行於稜邊的直線，所以劈尖干涉圖樣是一些與稜邊平行的明暗相間的直條紋，如圖 2-7 所示。斜面上相鄰兩條明紋的間距 L 為

$$L = \frac{\lambda}{2n\sin\theta}$$

相鄰兩條亮紋對應的厚度差為 $\Delta e = \frac{\lambda}{2n}$。

牛頓環 牛頓環干涉裝置如圖 2-8 所示。在一塊平玻璃 B 上放一曲率半徑 R 很大的平凸透鏡 A，在 A 和 B 之間形成一薄的劈形夾層，當單色光垂直入射平凸透鏡時，可以觀察到在透鏡下表面出現的一組干涉條紋，這些條紋是以接觸點 O 為中心的同心圓環，稱為牛頓環。牛頓環是由於垂直入射的單色平行光在空氣夾層的上、下表面發生反射形成兩束相干光干涉的結果。這兩束相干光在平凸透鏡的下表面相遇而發生干涉，這兩束相干光的光程差為

$$\delta = 2e_k + \frac{\lambda}{2}$$

其中 e_k 為空氣薄層的厚度，$\lambda/2$ 是光在空氣層的下表面反射時產生的半波損失。

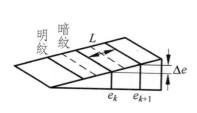

圖 2-7　劈尖干涉條紋

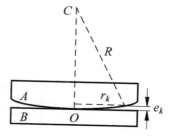

圖 2-8　牛頓環干涉裝置

亮紋的條件是：$2e_k + \dfrac{\lambda}{2} = k\lambda$，$k = 1, 2, 3, \cdots$

暗紋的條件是：$2e_k + \dfrac{\lambda}{2} = (2k+1)\dfrac{\lambda}{2}$，$k = 0, 1, 2, \cdots$

利用幾何關係可得到：

亮環半徑：$r_k = \sqrt{\dfrac{(2k-1)R\lambda}{2}}$，$k = 1, 2, 3, \cdots$

暗環半徑：$r_k = \sqrt{kR\lambda}$，$k = 0, 1, 2, \cdots$

等傾條紋　在薄膜干涉中，凡以相同傾角 i 入射到厚度均勻的薄膜上的光線，經薄膜上下表面反射後產生的相干光束有相等的光程差，因而它們對應同一級次的干涉條紋，這稱為等傾干涉，如圖 2-9 所示。

相干的 1、2 兩光束到達 P 點的光程差為

$$\delta = 2ne\cos r + \frac{\lambda}{2}，或 \delta = 2e\sqrt{n^2 - \sin^2 i} + \frac{\lambda}{2}$$

亮紋的條件是

$$\delta = 2e\sqrt{n^2 - \sin^2 i} + \frac{\lambda}{2} = k\lambda，k = 1, 2, 3, \cdots$$

暗紋的條件是

$$\delta = 2e\sqrt{n^2 - \sin^2 i} + \frac{\lambda}{2} = (2k+1)\frac{\lambda}{2}，k = 0, 1, 2, \cdots$$

增透膜和增反膜　在薄膜干涉中，當薄膜的厚度和折射率滿足一定條件時，反射光相消，透射光增強，這樣的膜叫增透膜。如果透射光相消，反射光增強，這樣的膜叫增反膜。增透膜和增反膜只是對應一定的波長而言的。如圖 2-10 所示，

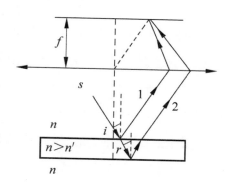

圖 2-9　薄膜的等傾干涉

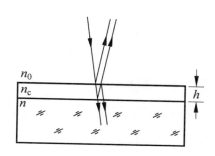

圖 2-10　增透膜

假設 $n_0 < n_c < n$，h 表示介質膜的厚度，兩反射光干涉相消的條件是

$$2n_c h = (2k + 1)\frac{\lambda}{2} \, , \; k = 0, \, 1, \, 2, \, \cdots$$

因而增透膜的最小厚度為 $h = \dfrac{\lambda}{4n_c}$。

邁克生干涉儀（Michelson interferometer）　是 100 年前邁克生設計製成的用分振幅法產生的雙光束干涉的儀器。邁克生干涉儀示意圖和簡單的光路圖如圖 2-11 所示。M_1 和 M_2 是兩個精密磨光的平面鏡，分別

裝在兩個垂直的方向上。其中 M_2 固定，M_1 通過精密絲杠的帶動，可以沿臂軸方向移動。在兩臂相交處放一與兩臂成 45° 角的平行平板玻璃 G_1。在 G_1 的後表面鍍有一層半透明半反射的薄銀膜，G_1 稱為分光板，起著將入射光束分成振幅相等的透射光束 1 和光束 2 的作用。M_2 經 G_1 的半透半反膜所成的虛像為 M_2'，光束 1、2 之間的干涉在觀測者看來就好像是從 M_1' 和 M_2 兩反射鏡反射的光發生的干涉一樣。G_2 是補償板，是為了補償兩束光 1、2 在玻璃中的光程而添置的，有了 G_2 以後，兩束光的光程差只和空氣中的光程差有關，和玻璃中的光程無關。S 為光源，E 為觀察窗位置。當 M_1、M_2 相互嚴格垂直時，M_1' 和 M_2 之間形成平行平面的空氣膜，這時可以觀察到等傾條紋。當 M_1、M_2 不嚴格垂直時，M_1' 和 M_2 之間形成空氣劈尖，這時可以觀察到等厚條紋。當 M_1 移動時，空氣層的厚度改變，可以方便地觀察條紋的變化。

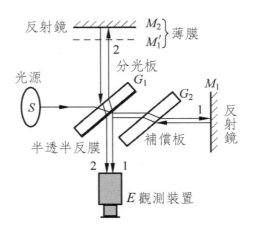

圖 2-11　邁克生干涉儀光路圖

邁克生干涉儀的主要特點是兩相干光束在空間上是完全分離的，可以對干涉光束 1 或 2 分別進行光路的調整，這就使干涉儀具有廣泛的用途，如用於測長度、折射率、檢查光學元件的品質等。1881 年邁克生曾用他的干涉儀做了著名的邁克生-莫雷實驗，它的否定結果是相對論的實驗基礎之一。

2.2 光的繞射

光的繞射　是指光能夠繞過障礙物的邊緣，跑到其陰影後面並形成明暗相間的干涉條紋。本質上光的繞射和干涉的物理原理都是一樣的，只不過干涉是指有限條光束之間的干涉，而繞射是指無限條光束之間的干涉。

惠更斯原理（Huygens' principle）　任何時刻波面上每一點都可作為次波的波源，各自發出球面次波，在以後的任意時刻，所有這些次波波面的包絡面（Enveloping surface）形成整個波在該時刻的新的波面。

惠更斯-菲涅耳原理（Huygens-Fresnel principle）　菲涅耳補充了惠更斯原理，進一步提出：繞射中波場中的各點的強度由各子波在該點的相干疊加決定。具體利用惠更斯-菲涅耳原理計算繞射圖樣中的光強分佈時，需要考慮每個子波波源發出的子波的振幅和相位、傳播方向、傳播距離等關係。

波面 在波的傳播過程中，相連的具有相同位相的各點組成的軌跡是一個同相面，叫做波面。

菲涅耳繞射 如圖 2-12(a)所示，光源和觀察屏（或二者之一）離開繞射孔的距離有限，這種繞射稱為菲涅耳繞射，或近場繞射。

夫朗和斐繞射（Fraunhofer diffraction） 光源和觀察屏都在離繞射孔（或縫）無限遠處，這種繞射稱為夫朗和斐繞射，或遠場繞射。夫朗和斐繞射是菲涅耳繞射的極限情形。通常在實驗室中無法做到無限遠，因此常用透鏡來拉近光源和觀察屏的距離，如圖 2-12(b)所示。

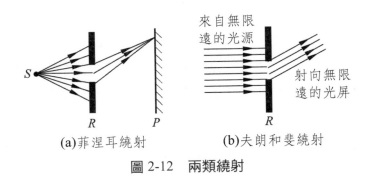

(a)菲涅耳繞射　　　　(b)夫朗和斐繞射

圖 2-12　　兩類繞射

半波帶法 根據惠更斯-菲涅耳原理，單縫後空間任一點 P 的光振動是由單縫處波陣面上所有子波波源發出的子波傳到 P 點的振動的相干疊加。為了考慮在 P 點的振動的合成，我們想像在繞射角 θ 為某些定值時能將單縫處寬度為 a 的波陣面 AB 分成許多等寬度的縱長條帶，並使相鄰兩帶上的對應點發出的光線（如圖 2-13(a)中 1 和1′及 2 和2′）在 P 點的光程差均為半個波長。這樣的條帶稱為半波帶（Half-wave zone），

如圖 2-13(a)所示，利用這樣的半波帶來分析繞射圖樣的方法叫半波帶法。

繞射角 θ 是繞射光線與單縫平面法線間的夾角。繞射角不同時，單縫處波陣面分出的半波帶的個數也不同。半波帶的個數取決於單縫兩邊緣處繞射光線之間的光程差 AC。由圖 2-13(a)可知

$$AC = a\sin\theta$$

當 $AC = a\sin\theta = n\lambda$ 時，即單縫處波陣面可分出偶數個半波帶，如圖 2-13(a)、(c)所示。

當 $AC = a\sin\theta = (2n+1)\lambda/2$ 時，即單縫處波陣面可分出奇數個半波帶，如圖 2-13(b)所示。

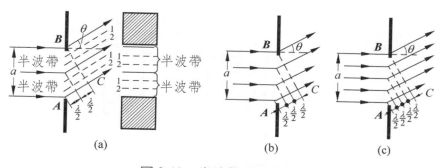

(a)   (b)   (c)

圖 2-13　半波帶法示意圖

單縫夫朗和斐繞射規律　單縫夫朗和斐繞射實驗光路如圖 2-14 所示，按照半波帶法，單縫所在處的平面可分成的半波帶的數目是由縫

寬、繞射角和波長決定的。這樣分出的各個半波帶，由於它們到 P 點的距離相等，而位相又相反，因此相鄰兩個波帶發出的子波到達 P 點的合振動互相抵消。當單縫處的波面可分成偶數個半波帶時，由於兩兩抵消，P 點的合振幅是 0，P 點是暗條紋的中心。當單縫處的波面可分成奇數個半波帶時，則一對對相鄰的半波帶發出的光分別在 P 點相互抵消後，還餘下一個半波帶的子波的光達到 P 點，這時 P 點近似為亮條紋的中心。而且繞射角越大，分割成的半波帶的數目越多，子波帶的面積越小，P 點的光強也隨之減小。當繞射角為 0 時，各繞射子波到達 P 點的光強一樣大，各子波間相長干涉，形成了 P 點的 0 級亮紋，條紋的亮度最大。對於其他的任意繞射角，單縫處的波面也不能恰巧分成整數個半波帶，此時 P 點的繞射光強就介於最明和最暗之間。單縫夫朗和斐繞射光強分佈如圖 2-15 所示。

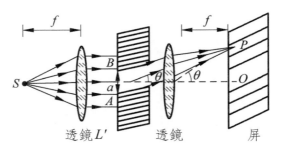

圖 2-14　單縫夫朗和斐繞射實驗裝置示意圖

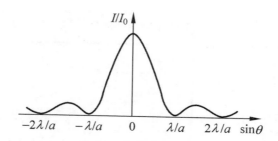

圖 2-15　夫朗和斐單縫繞射光強分佈曲線

綜上所述，當平行光垂直於單縫平面正入射時，繞射規律可總結為表 2-1。

單縫繞射中央亮條紋寬度：兩個第一級暗條紋中心間的距離即為中央亮條紋的寬度，中央亮條紋的寬度最寬，約為其他亮條紋寬度的兩倍。中央亮條紋的半形寬度為 $\sin\theta = \lambda/a$，考慮到一般 θ 很小，所以近似有 $\theta \approx \sin\theta = \lambda/a$。以 f 表示透鏡 L 的焦距，測得觀察屏上中央亮條紋的線寬度為

$$\Delta x = 2f\tan\theta \approx 2f\sin\theta = 2f\frac{\lambda}{a}$$

繞射反比律：中央亮條紋的寬度正比於波長 λ，反比於縫寬 a，這一關係稱為繞射反比律。

表 2-1　正入射單縫夫朗和斐繞射規律

繞射角 θ	條紋
$a\sin\theta = k\lambda$，$k = 1, 2, 3, \cdots$	暗條紋中心
$a\sin\theta = (2k+1)\dfrac{\lambda}{2}$，$k = 0, 1, 2, \cdots$	亮條紋中心（近似）
$\theta = 0$	中央亮紋
其他任意值	介於亮紋和暗紋之間

圓孔的夫朗和斐繞射　如果繞射屏上開的不是單縫而是圓孔，則在接收屏上看到的並不是明暗相間的直條紋而是明暗相間的圓環，如圖 2-16 所示。圓孔和單縫的夫朗和斐繞射特點和規律是很相似的，中央位置對應的是亮斑，叫艾瑞盤（Airy disc），相當於單縫繞射圖樣的中央亮紋，它的亮度在所有亮紋中是最亮的。大多數光學儀器上所用的透鏡邊緣均為圓形，因此研究圓孔的夫朗和斐繞射具有重要的實際意義。

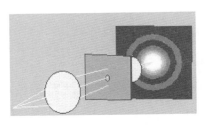

圖 2-16　圓孔的夫朗和斐繞射光路圖和繞射圖

瑞立準則（Rayleigh criterion）　當兩個強度相等的、不相干的點光源通過光學儀器成兩個像斑（Image disc）時，如果一個像斑的主極大

剛好落在另一個像斑的第一個極小處，就認為這兩個艾瑞盤剛剛可以分辨。計算表明：滿足瑞立準則時，兩個艾瑞盤重疊區的光強約為每個艾瑞盤中央光強的 80%，一般人的眼睛剛好能分辨光強的這種差別。

我們給瑞立準則具體化：設兩個物點所成艾瑞盤中心之間的角距離為 $\delta\theta$，而每個艾瑞盤的半形寬為 $\Delta\theta$。當 $\delta\theta > \Delta\theta$ 時，我們稱兩個物點可以分辨；當 $\delta\theta = \Delta\theta$ 時，兩個物點剛好可以分辨；當 $\delta\theta < \Delta\theta$ 時，兩個物點不能分辨，如圖 2-17 所示。

角解析度 以透鏡為例，恰能分辨時，兩物點在透鏡處的張角稱為最小分辨角，用 $\delta\theta$ 表示，如圖 2-17 所示。最小分辨角也叫角解析度，它的倒數稱為分辨本領。對於直徑為 D 的圓孔夫朗和斐繞射，最小分辨角為

$$\theta \approx \sin\theta = 1.22\frac{\lambda}{D}$$

分辨本領 R 為

$$R = \frac{D}{1.22\lambda}$$

由上式可知，分辨本領和儀器的孔徑 D 成正比，和光波波長成反比。因此望遠鏡中大孔徑的物鏡對提高望遠鏡的解析度是有利的，而顯微鏡則是採用極短波長的光來提高分辨本領的。

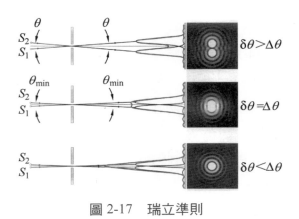

圖 2-17　瑞立準則

光柵　屏函數是空間的週期函數的繞射屏，稱為繞射光柵，簡稱光柵。通常是在一塊玻璃板或金屬板上刻劃許多等寬、等間距的細線，製成光柵。按光柵的製造方法分類，光柵分為：機械刻劃光柵、複製光柵和全息光柵。按照光柵的面形分類，光柵又可分為：平面光柵和凹面光柵。按光柵對光的透射和反射作用分類，光柵分為：透射光柵和反射光柵。

光柵常數　光柵中的每一透光部分的寬度為 a，不透光部分的寬度為 b。$a+b=d$ 叫做光柵常數，是光柵的最小空間週期。

光柵繞射規律　當平行光正入射光柵平面時，根據惠更斯-菲涅耳原理可推得光柵夫朗和斐繞射圖樣的光強分佈函數為

$$I = I_0 \left[\frac{\sin\left(\frac{\pi a \sin\theta}{\lambda}\right)}{\frac{\pi a \sin\theta}{\lambda}} \right]^2 \left[\frac{\sin\left(\frac{N\pi d \sin\theta}{\lambda}\right)}{\sin\left(\frac{\pi d \sin\theta}{\lambda}\right)} \right]^2 \tag{2-1}$$

在式（2-1）中，第一個中括弧代表單縫繞射因數，第二個中括弧代表多光束干涉因數，因此光柵繞射是多光束干涉和單縫繞射共同起作用的結果。如果不考慮光柵繞射在各個方向上的繞射光強度的不同，那麼光柵繞射首先是多光束干涉，其干涉圖樣如圖 2-18(a)所示。而實際上，由於單縫繞射的調製每條縫發的光在不同方向上的強度是不同的，其強度分佈如圖 2-18(b)所示。單縫繞射調製了多光束干涉的各級條紋，光柵繞射的總光強分佈如圖 2-18(c)所示。當光柵相鄰兩縫距離為 d 時，兩點在 θ 方向的光程差 $d\sin\theta$ 滿足

$$d\sin\theta = \pm k\lambda，k = 0, 1, 2, \cdots \tag{2-2}$$

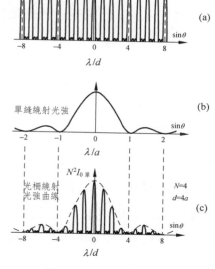

圖 2-18　光柵繞射

相應於繞射光線的建設性干涉，形成繞射屏上的亮條紋，和這些亮條紋相應的光強極大值叫主極大，決定主極大位置的式（2-2）叫做光柵方程。

當光柵相鄰兩縫距離為 d 時，兩點在 θ 方向的光程差 $Nd \sin\theta$ 滿足

$$Nd \sin\theta = \pm k'\lambda \quad k' = 整數，但 k' \neq Nk \qquad (2\text{-}3)$$

各繞射光線到達屏上時破壞性干涉，形成繞射暗紋。

光柵方程　當光線垂直入射到光柵上時，其繞射方程為

$$d \sin\theta = \pm k\lambda，k = 0, 1, 2, \cdots$$

上式就稱為光柵的正入射方程。當光線斜入射到光柵上時，其繞射方程為

$$d(\sin i \pm \sin\theta) = \pm k\lambda，k = 0, 1, 2, \cdots$$

該方程稱為光柵的斜入射方程。

缺級現象（Missing order）　當繞射角同時滿足 $a\sin\theta = \pm k'\lambda$ 和 $d\sin\theta = \pm k\lambda$ 時，在繞射屏上對應 θ 的位置應該出現主極大亮條紋，但是其光強卻為 0，這種現象稱為缺級現象。這是因為雖然縫間干涉條紋相位相長，但是單縫繞射調節的每一束光的光強卻為 0，所以總光強為 0，出現缺極。

光柵光譜 由光柵方程 $d\sin\theta = \pm k\lambda$ 可知,當光柵常數 d 一定時,同一級譜線對應的繞射角 θ 隨著波長 λ 的增加而增大。如果入射光中含有幾種不同波長的光,則它們經光柵繞射後除零級外各級主極大的位置是不相同的,在繞射屏上可以看到彩帶。同級的不同顏色的亮條紋將按波長順序排列,這種排列就稱為光柵光譜,如圖 2-19 所示。由此可以說明光柵具有分光的作用,物質的光譜可用於研究物質的結構,所以光譜分析目前已成為現代物理學研究的重要方法。

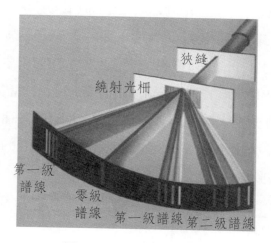

圖 2-19 汞燈的光柵光譜

光柵的分辨本領 $R = \dfrac{\lambda}{\delta\lambda}$。

設光柵能把兩個波長差為 $\delta\lambda$ 的兩個波長分開,根據瑞立準則,經理論分析可得到

$$R = \frac{\lambda}{\delta\lambda} = kN$$

式中，k 是能分辨的光柵光譜的級數，N 是光柵的總縫數。此式表明，光柵的分辨本領和級次成正比和光柵的總縫數成正比。

X 射線繞射 X 射線又稱侖琴射線，是侖琴（Röntgen）在 1895 年發現的。它是一種波長更短的電磁波，波長在 0.01 Å 到 10 Å。與可見光或紫外光相比，X 射線的波長短，穿透能力強，它很容易穿過由氫、氧、碳、氮等較輕的元素組成的肌肉組織，但不易穿透骨骼，醫學上常用 X 射線檢查人體生理結構上的病變。因為 X 射線的波長很短，所以我們通常機械刻出的光柵都不能使它產生明顯的繞射現象，原因就是光柵常數 $d \gg \lambda$。1912 年德國物理學家勞厄想到了晶體，晶體具有規則排列的點陣結構，它的晶格常數在 Å 的量級上，所以是一種非常理想的三維空間光柵。勞厄透過實驗第一次圓滿地獲得了 X 射線的繞射圖樣，證實了 X 射線的波動性。

布拉格公式 英國的布拉格父子研究了晶體繞射成像的規律，給出了著名的晶體繞射的布拉格公式

$$2d \sin\theta = k\lambda，k = 1, 2, 3, \cdots$$

其中 d 為晶格常數，θ 為 X 射線入射到晶面的掠射角。對於晶體這樣的三維空間點陣，可以看成是由許多不同方向的平行晶面族組成，對於不同的晶面族，間距 d 不同，入射 X 光的入射角 θ 也隨之不同。因此對於

某一束入射光來說，可能不止一個晶面族滿足布拉格條件，也可能沒有一個晶面族滿足布拉格條件。這個特點是和普通的一維光柵不同的地方。

2.3 光的偏振

縱波和橫波 如果波的振動方向與其傳播方向相同，這種波稱為縱波；如果波的振動方向與其傳播方向垂直，則稱為橫波。

光的偏振態 在與傳播方向垂直的平面內，光的振動向量還可以有各種不同的振動狀態，我們稱此為光的偏振態。光有三種偏振態：完全偏振光、部分偏振光和非偏振光。

完全偏振光 完全偏振光包括三種情況：平面線偏振光、橢圓偏振光和圓偏振光。

偏光面（Polarization plane）：偏振光的振動方向和光的傳播方向構成的平面叫偏光面，如圖 2-20(a)所示。

線偏振光：如果光的振動只沿一個固定的方向振動，叫線偏振光。通常線偏振光可用圖 2-20(b)表示，其中箭頭方向代表光的傳播方向，短線和點代表光的振動方向，短線表示光的振動在紙面內，點表示光的振動與紙面垂直。

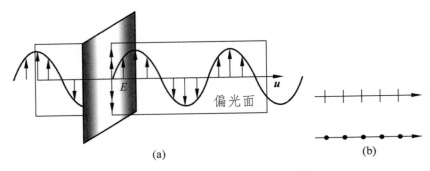

(a)

(b)

圖 2-20　線偏振光及其圖示法

　　橢圓偏振光和圓偏振光：光振動向量一邊沿著光的傳播方向前進，一邊繞著傳播方向均勻轉動，如果光振動向量的大小有規律的改變，其端點描繪出一個橢圓，這種光叫橢圓偏振光；如果光振動向量的端點軌跡是一個圓，則稱為圓偏振光。根據光振動向量繞行方向的不同，又可以分為左旋和右旋偏振光，如圖 2-21 所示。根據相互垂直的振動合成的規律，橢圓偏振光和圓偏振光可以看成是由兩個相互垂直而有一定相

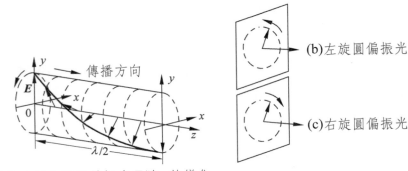

(b)左旋圓偏振光

(c)右旋圓偏振光

(a)某時刻右旋圓偏振光 E 隨 z 的變化

圖 2-21　旋光示意圖示法

差的線偏振光的合成。

非偏振光（Unpolarized light） 非偏振光就是通常我們說的自然光，在與光的傳播方向垂直的平面內，光振動向量各個方向都有，沒有哪一個方向更具有優勢，各個振動方向之間沒有固定的相位關係，平均來講，光振動向量的大小和方向分佈都是均勻的，這種光叫自然光。自然光也可以分解為兩個垂直方向的等振幅的振動的合成，但是兩個方向的振動無固定位相關係。

部分偏振光（Partially polarized light） 部分偏振光介於自然光和偏振光之間，它可以看成是自然光和線偏振光的混合或是自然光和橢圓偏振光的混合。它也是各個方向都有，各個振動方向之間沒有固定的相位關係，但是各個方向強度不等。自然界中很多時候看到的光都是部分偏振光，仰頭看到的太陽光和低頭看到的湖光幾乎都是部分偏振光。

起偏器（Polarizer） 利用某些晶體對不同方向振動的光振動向量具有選擇吸收的性質（二向色性），可以做成偏振片，實現對入射光的起偏作用，這樣的偏振片叫起偏器。

馬呂斯定律 當一束入射光強為 I_0（光向量振幅為 A_0）的線偏振光，透過偏振片的光強變為 I（光向量振幅為 A），線偏振光的振動方向與偏振片的透射光偏振方向之間的夾角為 θ。由圖 2-22 可知：入射偏振光的振幅 A_0 與透射偏振光的振幅 A 之間的關係有

$$A = A_0 \cos \theta \Rightarrow I = I_0 \cos^2 \theta$$

這一公式就稱為馬呂斯定律。

　　布魯斯特定律（Brewster's law）　反射光和折射光的偏振度和入射角有關，由實驗發現，當入射角等於某一個定值時，反射光是完全線偏振光，光振動方向垂直於入射面，如圖 2-23(b)所示，這個特定的入射角 i_0 叫起偏角，也叫布魯斯特角，是布魯斯特在 1812 年發現的。實驗中還發現，當入射角等於起偏角時，反射光和折射光的傳播方向相互垂直，即 $i_0 + \gamma = 90°$。根據折射定律

$$n_1 \sin i_0 = n_2 \sin r$$

於是有

$$\tan i_0 = \frac{n_2}{n_1} \text{或} \tan i_0 = n_{21} \qquad （2\text{-}4）$$

式中，$n_{21} = n_2/n_1$，是介質 2 對介質 1 的相對折射率。式（2-4）就稱為布魯斯特定律。

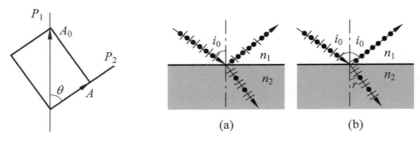

圖 2-22　馬呂斯定律用圖　　圖 2-23　反射光和折射光的偏振態

玻璃片堆 在布魯斯特角入射的情況下，反射光雖然是偏振光，但是光強相對折射光來說很小，只相當於入射光強的15%，大部分光強被折射了，而折射光的偏振度不好。為了增強反射光的強度和提高折射光的偏振度，我們可以把許多平行的玻璃片裝在一起，形成玻璃片堆，如圖 2-24 所示。自然光以布魯斯特角入射時，光在各層玻璃面上反射和透射，每經過一次反射，就會有一些垂直振動被反射掉，經過層層過濾，最後透射光就非常接近線偏振光了，進而提高了透射光的偏振度，同時反射光經過多層的累加，強度也得到增強。因此，利用玻璃片堆可以實現反射光和折射光都是偏振光。

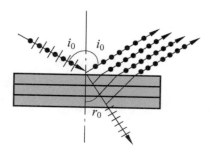

圖 2-24　玻璃片堆的起偏

圖 2-25　方解石晶體

雙折射現象（Birefringence） 當一束光入射到各向同性（如玻璃、水等）的表面時，它將按照折射定律沿某一方向折射，這就是一般常見的折射現象。但是如果光入射到透明的方解石上後（方解石如圖 2-25），你會發現折射光變成了兩束。當用這種晶體觀察白紙上的字時，可以看到字的兩個像，如圖 2-26 所示，這種現象稱為雙折射現象。

　　o 光和 e 光　　如圖 2-27 所示，讓一束平行自然光束正入射在冰洲石晶體（方解石的一種）的一個表面上，我們就會發現光束分解成兩束。在透射的兩束折射光中，其中一束光遵守光的折射定律，方向沿著原來的方向，不發生偏折，這束光稱為尋常光，通常用 o 表示，並簡稱 o 光。但另一束光則不遵守折射定律，即當改變入射角 i 時，sin$i$/sin$r$ 的比值不是一個常數，該光束一般也不在入射面內。這束光稱為非常光線，用 e 表示，簡稱 e 光。

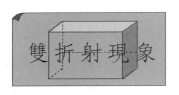

圖 2-26　雙折射現象

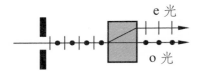

圖 2-27　o 光和 e 光的示意圖

　　光軸（Optic axis）　　在晶體內部存在某些特殊的方向，當光沿著這些方向傳播時 o 光和 e 光不分開（即它們的傳播速度和傳播方向都一樣），不發生雙折射現象，這個方向叫做光軸。光軸僅標示一定的方向，並不是代表某一條特殊的直線。

　　單軸晶體（Uniaxial crystal）和雙軸晶體（Biaxial crystal）　　只有一個光軸的晶體，叫單軸晶體，石英、紅寶石、方解石等是單軸晶體。有兩個光軸的晶體，叫雙軸晶體，雲母、硫磺、黃玉等都是雙軸晶體。

　　主平面　　在晶體中，光線的傳播方向和光軸方向所組成的平面叫做該光線的主平面。

沃拉斯吞稜鏡（Wollaston prism） 圖 2-28 是沃拉斯吞稜鏡的結構和光路圖，它是由兩塊方解石直角三稜鏡黏合而成，光軸方向如圖所示。在第一塊稜鏡中 o 光和 e 光傳播方向相同，光軸平行於 *AB*。而在第二塊晶體中，光軸垂直於紙面。當自然光垂直於 *AB* 入射時，由於 o 光和 e 光在晶體中的折射率和偏振態不一樣，因而傳播方向在空間上就分開了。利用沃拉斯吞稜鏡可以實現把自然光分成兩束偏振態完全垂直的線偏振光。

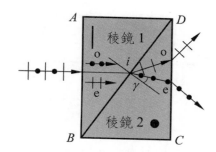

圖 2-28　沃拉斯吞稜鏡分解自然光光路圖

格蘭-湯姆森偏振稜鏡（Glan-Thompson prism） 如圖 2-29 所示，格蘭-湯姆森偏振稜鏡是由兩塊直角稜鏡黏合而成的，其中左上方一塊稜鏡是用玻璃製成，折射率為 1.655。另一塊用方解石製成，光軸方向如圖所示，方解石中 o 光的折射率為 1.6584，e 光的折射率為 1.4864。黏合劑折射率為 1.655。當自然光垂直入射到玻璃上時，因為玻璃是各向同性的晶體，只是普通的折射效應，折射光（含點振動和線振動）仍然沿著入射的方向在晶體中向前傳播。在介面處（膠合劑和方解石相接

處），點振動相當於是從折射率為 1.655 的一種介質中進入折射率為 1.6584 的介質中，因為折射率很接近，所以偏折不明顯，基本按原來方向前進。而線振動相當於是從折射率為 1.655 的一種介質中進入折射率為 1.4864 的介質中，即從光密介質進入光疏介質，利用全反射角實現線振動的偏振光全部反射，從而實現原入射光路方向上，透射光為線偏振光。

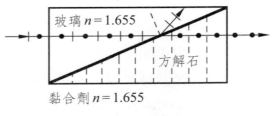

圖 2-29　格蘭-湯姆森偏振稜鏡

波片　又稱為波晶片或相位延遲片（Phase retarder）。波片是從單軸晶體中切割下來的平行平面板，其表面與晶體的光軸平行。當一束平行光正入射時，分解成的 o 光和 e 光傳播方向雖然不改變，但是它們在晶體內的傳播速度或折射率是不同的。因此當波片的厚度為 d 時，在出射界面 o 光和 e 光的相位差為

$$\Delta = \varphi_{o} - \varphi_{e} = \frac{2\pi}{\lambda}(n_{e} - n_{o})d$$

適當選擇晶片的厚度 d，以獲得兩束偏振光之間的任意位相差。

二分之一波片（Half wave plate）：使 o 光和 e 光的光程差為 $\lambda/2$ 的晶片為二分之一波片。

四分之一波片（Quarter wave plate）：使 o 光和 e 光的光程差為 $\lambda/4$ 的晶片為四分之一波片。

全波片（Full wave plate）：使 o 光和 e 光的光程差為 λ 的晶片為全波片。

人工雙折射　對於某些各向同性的晶體和液體，在一定的外在條件下，可以變成各向異性，因而產生的雙折射現象稱為人工雙折射。光彈性效應和克爾效應是兩種常見的人工雙折射效應。

光彈性效應（Photoelastic effect）　在內應力或外來的機械應力下，可以使透明的各向同性（Isotropic）的介質（如塑膠或玻璃）變為各向異性的（Anisotropic），從而使光產生雙折射，這種現象稱為光彈性效應。這種應力作用下，$(n_o - n_e)$ 和應力的分佈有關。如果把這種透明介質做成片狀，插在兩個偏振片中間，螢幕上將呈現出反映這種應力分佈的干涉圖樣。應力越集中的地方，各向異性越強，干涉條紋越密。

克爾效應（Kerr effect）　非晶體或液體在強電場的作用下，也會變得各向異性。這一現象是克爾於 1875 年首次發現的，所以稱為克爾效應。實驗裝置如圖 2-30 所示，在兩個正交的偏振片之間，放置一個克爾核，克爾核（Kerr cell）兩端有平行玻璃窗，核內封有一對平行板電極。電源未接通時，克爾核內的液體不會對光的偏振態有任何影響，因此穿過第二個偏振片後光場強度為 0。接通電源後，克爾核內的液體具有單軸晶體的性質，其光軸方向沿電場方向。實驗表明：折射率的差

值正比於電場強度的平方,即有

$$n_o - n_e = kE^2$$

式中,k 稱為克爾係數(Kerr coefficient),由液體的種類決定,E 為電場強度。通過電壓來控制電場,繼而控制穿過克爾核後兩種偏振光的位相差,從而使透過偏振片 P_2 的光強也隨之變化,最終實現電壓對透過 P_2 光強的調製。這種調製的回應速度是非常快的,因此可以作成快速光開關,或是弛豫時間極短($10^{-9}\,\text{s}$)的調制器(Modulator),現已廣泛應用於高速攝影、電影、電視和雷射通信等領域。

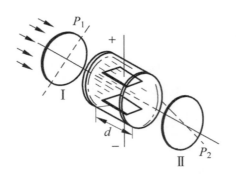

圖 2-30　克爾效應示意圖

第 5 篇

近代物理

第一章　量子力學基礎

1.1　波粒二象性

熱輻射　物體因自身的溫度而向外發射電磁能，稱為熱輻射。溫度越高，輻射越強，而且輻射按波長分佈情況也隨溫度而定。熱輻射是熱傳導方式之一。

平衡熱輻射　加熱一物體，若物體所吸收的能量等於在同一時間內輻射的能量，則物體的溫度恆定。這種溫度不變的熱輻射稱為平衡熱輻射。

光譜輻出度（單色輻出度）（Spectral radiation exitance）M_v　如圖1-1 所示，在單位時間內，從物體單位表面發出的頻率在 v 附近單位頻率間隔內的電磁波的能量為

$$M_v = \frac{\mathrm{d}E_v(T)}{\mathrm{d}v}$$

M_v 的大小取決於 T, v，物質種類和表面情況。

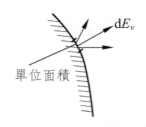

圖 1-1　物體表面的能量輻射

光譜吸收比（率）$a_v(T)$　在溫度為 T 時，物體表面吸收的頻率在 v 到 $v+dv$ 區間的輻射能量占全部入射在該區間的輻射能量的份額，稱為物體的光譜吸收比。用 $a_v(T)$ 表示，即

$$a_v(T) = \frac{dE_{v(吸收)}}{dE_{v(入射)}}$$

絕對黑體　能完全吸收各種波長電磁波而無反射的物體，即 $a_v(T)=1$ 的物體就稱為黑體（Blackbody）。黑體是理想化模型，即使是黑煤、黑琺瑯對太陽光的 a_v 也小於 99%。

普朗克量子假說（Planck's quantum hypothesis）　普朗克認為，經典理論所以不能圓滿解釋熱輻射規律，是由於人為諧振子的能量是連續的，可以具有任意數值。普朗克則認為諧振子只能具有以某個最小單位整數倍的能量，而不是連續的。以 E 表示一個頻率為 v 的諧振子的能量表示為

$$E = nhv，n = 0, 1, 2, \cdots$$

維因公式　維因從經典的熱力學和馬克士威分佈律出發，導出了一個公式，即維因公式

$$M_v = \alpha v^3 e^{-\beta v/T}$$

式中，α 和 β 為常數。由該公式給出的結果，在高頻部分範圍內與實驗結果符合得很好，但在低頻部分有較大的偏差，如圖 1-2 所示。

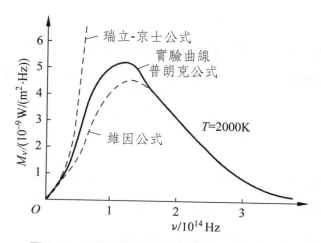

圖 1-2　黑體輻射的理論和實驗結果的比較

瑞立-京士公式　瑞立根據經典電磁學和能量均分定理導出的公式，後經京士修正，即瑞立-京士公式

$$M_v = \frac{2\pi v^2}{c^2} k_B T$$

這一公式給出的結果，在低頻部分還能符合實驗結果，但在高頻範圍與實驗值相差甚遠，甚至趨向無限大，如圖 1-2 所示。曾在當時被有些物理學家驚呼為「紫外災難」（Ultraviolet catastrophe）。

普朗克熱輻射公式　1900 年 12 月 14 日普朗克發表了他導出的黑體輻射公式

$$M_v = \frac{2\pi h}{c^2} \frac{v^3}{e^{hv/k_B T} - 1}$$

這一公式給出的結果在全部頻率範圍內都和實驗相符合，如圖 1-2 所示。

斯特凡-波茲曼定律　是關於黑體的全部輻射出射度的實驗定律

$$M = \int_0^\infty M_v \, dv = \sigma T^4$$

式中，$\sigma = 5.670400 \times 10^{-8}$ W/(m^2 · K^4)為斯特凡-波茲曼常量。

維因位移定律　該定律說明，在溫度為 T 的黑體輻射中，光譜輻射出射度射出最大的光的頻率 v_m 由下式決定

$$v_m = C_v T$$

式中，C_v 為一常數，其值 $C_v = 5.880 \times 10^{10}$ Hz/K。這一公式給出的結果說明，當溫度升高時，v_m 向高頻方向「位移」，如圖 1-3 所示。

光電效應（Photoelectric effect）　當光照射到金屬表面上時，電子會從金屬表面逸出，這種現象就稱為光電效應，如圖 1-4 所示。所發射的電子稱為光電子。這個現象，經典理論是無法解釋的。

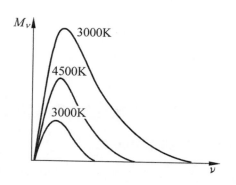

圖 1-3　不同溫度下的普朗克熱輻射曲線

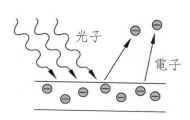

圖 1-4　電子吸收光子後從金屬表面逸出

光電效應方程　為了解釋光電效應，愛因斯坦於 1905 年提出，光是能量為 hv 的光子，當光子與金屬表面的電子發生碰撞時，電子一次吸收光子能量 hv 後，若能克服金屬內正電荷對它的引力所做的功 A，便可以逸出金屬而產生光電效應。設照射光的頻率為 v，則由能量守恆可得一個電子逸出金屬表面後的最大出動能應為

$$hv = \frac{1}{2}mv_{\mathrm{m}}^2 + A$$

上式就稱為愛因斯坦光電效應方程式。

康普頓效應 是高能電子與低能光子相碰撞而使低能光子獲得能量的一種散射過程。康普頓在 1922-1923 年研究 X 射線與物質相互作用發生散射時，發現散射 X 射線波長會增長，這種現象就稱為康普頓散射，又稱康普頓效應。在散射中其波長的增長為

$$\Delta\lambda = \lambda - \lambda_0 = \frac{h}{m_0 c}(1 - \cos\phi)$$

式中，λ 和 λ_0 分別是散射光和入射光的波長，ϕ 為散射方向與入射光方向間的夾角。$\frac{h}{m_0 c} = 2.426 \times 10^{-3}$ nm。稱為康普頓波長。

瑞立散射（Rayleigh scattering） 當 X 射線與物質相互作用發生散射時，在散射光中觀察到有與原波長相同的射線，這種波長不變的散射就稱為瑞立散射。

光的波粒二象性 光既具有波動性，又具有粒子性。在有些情況下，光突出地顯示出其波動性，如干涉和繞射；而在另一些情況下，則突出地顯示出其粒子性，如光電效應和康普頓效應。光的這種本性稱為波粒二象性。

$$E = h\nu \text{，} m = \frac{h\nu}{c^2} \text{，} p = \frac{h\nu}{c}$$

德布羅意波 電子的波粒二象性首先是由德布羅意於 1925 年提出的，這顯然是受光的波粒二象性的啟示。他認為，伴隨著能量為 E 動量

為 p 的自由粒子，必然存在一個相應的平面波，其波長 λ 和頻率 ν 分別為

$$\lambda = \frac{h}{p} = \frac{h}{mv} \text{ , } \nu = \frac{E}{h} = \frac{mc^2}{h}$$

這種波稱為德布羅意波。

測不準關係（Uncertainty principle）　測不準原理是海森堡（Heisenberg）於 1927 年首先提出的。由於波粒二象性，在任意時刻粒子的位置和動量都有一個不確定量。在某一方向上，位置不確定量 Δx 與該方向上的動量不確定量 Δp 有一個簡單的關係，即

$$\Delta x \Delta p \geq \frac{\hbar}{2}$$

機率波　德布羅意的物質波描述的是粒子在各處出現的機率。

機率振幅　為了定量描述微觀粒子的狀態，量子力學中引入了波函數 ψ，該函數是時間和空間的函數，並且是複函數，即 $\psi = \psi(x, y, z, t)$。而 $|\psi|^2 = \psi\psi^*$ 就是粒子在時刻 t，在點 (x, y, z) 附近單位體積內發現粒子的機率。而函數 ψ 稱為機率振幅。

量子力學中的基本假設　從理論的邏輯結構來說，量子力學中的基本假設有：①波函數的統計詮釋；②微觀體系的波函數由薛丁格方程（非相對論量子力學）結合物理條件來確定；③力學量的科學測量值只限於是相應力學量算符的本征值，僅當體系的波函數恰為某力學量算符的本征函數時，處在該態中的該力學量才具有確定值即相應本征值；④

態疊加原理。不僅各力學量算符的本征函數所描述的態是微觀體系在一定條件下允許出現的態，而且這些本征函數的線性組合所描述的態也是微觀體系在一定條件下的允許態。

1.2 薛丁格方程

薛丁格方程　是量子力學的基本動力學方程，是薛丁格於 1926 年提出的，其運算式為

$$i\hbar \frac{\partial}{\partial t} \psi(\boldsymbol{r}, t) = \hat{H}\psi(\boldsymbol{r}, t)$$

$$\hat{H} = \frac{\hbar^2}{2m}\nabla^2 + V(\boldsymbol{r}, t)$$

式中，$\hat{H}$ 為體系的哈密頓算符，它是動量算符 $\frac{p^2}{2m}$ 與位能算符 $V(\boldsymbol{r}, t)$ 的和，$\hat{p} = -i\hbar\nabla$ 稱為動量算符，$\psi(\boldsymbol{r}, t)$ 稱為粒子的波函數。

一維運動粒子的含時薛丁格方程為：$-\frac{\hbar^2}{2m}\frac{\partial^2\phi}{\partial x^2} = i\hbar\frac{\partial\phi}{\partial t}$。

位能場中一維運動粒子的含時薛丁格方程為：$-\frac{\hbar^2}{2m}\frac{\partial^2\phi}{\partial x^2} + V(x, t)\varphi = i\hbar\frac{\partial\phi}{\partial t}$。

位能場中一維運動粒子的定態薛丁格方程為：$-\frac{\hbar^2}{2m}\frac{\partial^2\phi}{\partial x^2} + V(x)\phi = E\phi$。

式中，$\psi(x, t) = \phi(x)\,e^{-iE_t/\hbar}$。

一維無限深位能阱的位能分佈為：$V(x) = 0$，$0 < x < a$ 阱內

$$V(x) = \infty，x \leq 0，x \geq a \text{ 阱外}$$

一維無限深位能阱中的粒子能量為：$E = \dfrac{\pi^2\hbar^2}{2ma^2}n^2$，$n = 1, 2, 3, \cdots$
相應的定態波函數（Stationary state wavefunction）為：$\psi_c(x) = 0$

$$\psi_i(x) = \sqrt{\frac{2}{a}}\sin\frac{n\pi}{a}x，n = 1, 2, 3, \cdots$$

一維無限深位能阱中粒子的運動特徵

(1)粒子的能量不能連續地取任意值，只能是分立值。

(2)粒子的最小能量不為零。粒子的最小能量狀態稱為基態（Ground state），最小能量稱為基態能

$$E_1 = \frac{\pi^2\hbar^2}{2ma^2}$$

諧振子　在一維空間中運動的粒子的位能為 $V = \dfrac{1}{2}kx^2 = \dfrac{1}{2}m\omega^2x^2$，振動角頻率 $\omega = \sqrt{\dfrac{k}{m}}$ 是一個常量，則這種體系稱為線性諧振子或一維諧振子。式中 x 是振子離開平衡位置的位移。此時的定態薛丁格方程為

$$\frac{\mathrm{d}^2\phi}{\mathrm{d}x^2} + \frac{2m}{\hbar^2} = \left(E - \frac{1}{2}m\omega^2x^2\right)\phi = 0$$

諧振子所具有的能量 E 是量子化的，即

$$E = \left(n + \frac{1}{2}\right)hv，n = 1, 2, 3, \cdots$$

其中，$E_0 = \frac{1}{2}hv$ 是振子所具有的零點振動能（Zero point energy）。

位能障穿透　微觀粒子可以進入其位能（有限的）大於其總能量的區域，這是由不確定關係決定的。在位能障有限的情況下，粒子可以穿過位能障到達另一側，這種現象又稱為隧道效應。

包立不相容原理（Pauli Exclusion Principle）　在一個原子系統內，不可能有兩個或兩個以上的電子具有相同的狀態，即不可能具有相同的主量子數（Principal quantum number）、角量子數（Azimuthal quantum number）、磁量子數（Magnetic quantum number）和自旋量子數（Spin quantum number）。

最小能量原理　原子系統處於正常狀態時，每個電子趨向佔有最低的能級，稱為最小能量原理（Minimum energy principle）。

態疊加原理　不僅各力學量算符的本征函數所描述的態（本征態）是微觀體系在一定條件下允許出現的態，而且這些本征函數的線性組合所描述的態（疊加態）也是微觀體系在一定條件下的允許態，這個原理就稱為態疊加原理。

1.3 原子中的電子

原子質量單位 各種元素的原子的相對質量如週期表所示，國際單位制規定取一個 ^{12}C 核素原子的靜止質量的 $\frac{1}{12}$ 為原子質量單位 u

$$1 \text{ u} = (1.66044 \pm 0.0008) \times 10^{-27} \text{ kg}$$

湯姆森模型（Thomson model） 是 1907 年湯姆森提出的一種原子模型，他認為原子的質量的絕大部分來自分佈在原子半徑內的正電荷物質，原子中的電子則浸在其中，這種模型曾被形象地稱為「葡萄乾布丁模型」（Plum pudding model）。

拉塞福-波耳原子模型（Rutherford-Bohr model） 是 1911 年拉塞福在其著稱的 α 粒子散射實驗的基礎上提出的一種原子有核模型。他認為原子中的正電荷物質（其質量占原子質量的絕大部分）是集中在體積遠小於原子體積的核內，原子中的電子在核外，它們受核的引力作用繞核運動。1913 年波耳按照這個模型提出一些假設，並成功地解釋了氫原子光譜。

氫原子光譜 在氫氣放電管放電發光的過程中，氫原子可以被激發到各個高能級中。當從這些高能級向低能級躍遷時，就會發出各種相應

頻率的光，而每種頻率的光都會形成一條譜線。氫原子發出的光組成一組組的譜線系就稱為氫原子光譜。芮得柏發現，對於這些氫原子光譜可以由下式來表示，即

$$\tilde{v}_{nm} = T(m) - T(n)，n > m 均爲正整數$$

式中，$T(n) = -\dfrac{R_H}{n^2}$，R_H 為芮得柏常量，$R_H = (109677.576 \pm 0.0012)$ cm^{-1}，按 m 的不同，氫原子光譜又可分為各種線系，如

來曼系：$\tilde{v}_{n1} = R_H\left(\dfrac{1}{1^2} - \dfrac{1}{n^2}\right)$，$n = 2, 3, 4, \cdots$

巴耳末系：$\tilde{v}_{n2} = R_H\left(\dfrac{1}{2^2} - \dfrac{1}{n^2}\right)$，$n = 3, 4, 5, \cdots$

帕申系：$\tilde{v}_{n3} = R_H\left(\dfrac{1}{3^2} - \dfrac{1}{n^2}\right)$，$n = 4, 5, 6, \cdots$

布拉克系：$\tilde{v}_{n4} = R_H\left(\dfrac{1}{4^2} - \dfrac{1}{n^2}\right)$，$n = 5, 6, 7, \cdots$

蒲芬德系：$\tilde{v}_{n5} = R_H\left(\dfrac{1}{5^2} - \dfrac{1}{n^2}\right)$，$n = 6, 7, 8, \cdots$

波耳理論（Bohr theory）　1913 年波耳按原子的有核模型提出了下列假設：

(1)處在定態中的電子繞核作圓周運動，有確定的能量，但不輻射能量；

(2)當原子中的電子從一定態「躍遷」至另一定態時，才發射或吸收相應光子，光子能量

$$hv = E_i - E_f$$

其中，E_i 和 E_f 分別表示初態和末態的能量，$E_i < E_f$ 表示電子吸收光子，$E_i > E_f$ 表示電子反射光子；

(3)作定態軌道運動的電子的角動量只能是 $h/2\pi$ 的整數倍，即

$$L_n = mv_n r_n = n\hbar = n\frac{h}{2\pi} , \quad n = 1, 2, 3, \cdots$$

波耳半徑（Bohr radius）　波耳半徑 a_0 定義為

$$a_0 = \frac{4\pi\varepsilon_0 \hbar^2}{m_e e^2} \approx 0.529 \text{ Å}$$

它具有長度的單位因次式，叫波耳半徑。正好是波耳的氫原子量子理論中電子的基態（$n=1$）的軌道半徑。利用波耳半徑可以使一些表示簡化，例如氫原子的能級公式可以寫成

$$E_n = -\frac{e^2}{2a_0^2} \cdot \frac{1}{n^2}$$

鹼金屬原子光譜的精細結構　鹼金屬原子光譜的主線系和第二輔線系中的每一條線系均有兩條靠近的線組成，第一輔線系及白格曼線系（Bergman series）中的每一條線則均由三條靠近的線組成。鹼金屬原子中，s 能級是單層的，其餘 p, d, f 等能級都是雙層的，雙層能級的間距隨

n, l 的增大而減小。

洪德定則（Hund's rule） 洪德提出的關於屬於 L-S 耦合型的電子組態的能級高低的一個經驗定則：

(1)對於一定的電子組態，在具有相同 L 值（量子數為 l）的各能級中，那多重數最高亦即 S 值（量子數為 s）最大的能級其位置最低。

(2)對於一定的電子組態，S 相同而 L 不相同的各能級中，那具有最大 L 值的能級位置最低。

(3)對於基態，若非閉合殼層屬於半數以下被填者，則有 $j = l - s$，反之則有 $j = l + s$，這裡 j, l, s 分別指總角動量、總軌道角動量以及總自旋量子數。

蘭德間隔定則 蘭德間隔定則指出，在一個多重能級的結構中，能級的兩相鄰間隔的比等於按順序的三個 J 值中較大的兩個之比。例如：$^3P_{0,1,2}$ 三個能級的二相鄰間隔之比

$$\frac{E(^3P_0) - E(^3P_1)}{E(^3P_1) - E(^3P_2)} = \frac{1}{2}$$

塞曼效應（Zeeman effect） 是荷蘭物理學家塞曼在 1896 年發現把產生光譜的光源置於足夠強的磁場中，磁場作用於發光體使光譜發生變化，一條譜線即會分裂成幾條偏振化的譜線，這種現象就稱為塞曼效應。塞曼效應可分為正常和反常兩種情況，對於類氫離子，若不考慮譜線的精細結構，實驗表明外磁場使每一條譜線分裂成三條，一條在原位，其電向量平行於磁場，另外兩條都是圓偏振光，其電向量與磁場垂

直。在平行於磁場方向觀察，只能看到兩條譜線，它們是圓偏振光，上述現象稱為正常塞曼效應（Normal Zeeman effect），僅在少數情況下才顯示。更多的情況是在磁場作用下譜線分裂成更多條，這種現象稱為反常塞曼效應（Anomalous Zeeman effect）。

原子核的成分　原子核均由質子和中子組成。原子核所含的核子個數稱為核素的質量數 A，其中質子的個數就是核素的電荷數或原子序數 Z。

核素　具有相同電荷數和質量數的某種原子核稱為核素。

同位素　電荷數相同而質量數不同的原子核稱為同位素。

同量異位素　質量數相同而電荷數不同的原子核稱為同量異位素。

原子核的質量及質量虧損　原子核的質量略小於原子核所含核子質量的總和。這種質量差稱為質量虧損。

放射性衰變　不穩定核自發地發射出一些射線而本身變成新核的現象，這種核的轉變稱為放射性衰變。放射性核的衰變規律為：$N(t) = N_0 e^{-\lambda t}$，其中 N_0 是 $t = 0$ 時的核的個數，λ 是標示放射性衰變快慢的量，稱為衰變常數。核的個數減至 N_0 一般所需的時間 T 稱為該種放射性元素的半衰期。

α 衰變　α 衰變是原子核自發發射氦核 ^4_2He。原子核放出一個 α 粒子後自身變成原子序數和質量數分別減少 2 和 4 的另一種核。例如鐳核 $^{226}_{88}\text{Ra} \rightarrow {}^{222}_{86}\text{Rn} + {}^4_2\text{He}$。

β 衰變　β 衰變是核電荷數改變而核子數不變的核衰變。有三種情況：

(1)放射一個負電子後原子核變成原子序數增加 1 的核，這種 β 衰變在天然和人工放射物中都有；

(2)放射一個正電子後原子核變成原子序數減少 1 的核，這只在人工放射物中發生；

(3)原子核俘獲一個核外 K 層電子後變成原子序數減 1 的核，此過程常稱為 K 俘獲。

γ 衰變　γ 衰變是處於激發態的原子核躍遷到低激發態或基態時放出的光子的過程。

核力　核子之間存在著一種和庫侖力相抗衡的吸引力，這種力叫核力。核力是一種短程力，其作用距離的數量級為 10^{-15} m；核力是強相互作用力，比電磁力強 100 多倍；核力是一種多體力，兩個核子的相互作用力和其他相鄰核子的位置有關。

半衰期　放射性同位素衰變其原有核數的一半時所需的時間，稱為半衰期，表示為

$$T_{1/2} = \frac{\ln 2}{\lambda} = \frac{0.693}{\lambda}$$

λ 為一個原子核在單位時間內發生衰變的機率，稱為衰變常數。

底限能（Threshold energy）　底限能定義為使某種核反應得以發生的入射粒子必須具有的最低動能。

原子核的融合（Nuclear fusion）　兩個輕核聚合在一起形成一個新核時會放出能量，這種釋放能量的方式叫融合或聚變。由於原子核之間

的庫侖斥力作用，兩個核相互接近而產生聚變反應時，必須具有一定的動能來克服庫侖能障（Coulomb barrier），而能障隨著原子序數的增加而增大，所以僅對於具有低原子序數的核，才能發生核融合。典型的融合反應為

$$^2H + {}^2H \rightarrow {}^3He + {}^1n + 3.25 \text{ MeV}$$
$$^2H + {}^2H \rightarrow {}^3He + {}^1H + 4.00 \text{ MeV}$$
$$^3H + {}^2H \rightarrow {}^4He + {}^1n + 17.6 \text{ MeV}$$
$$^3H + {}^2H \rightarrow {}^4He + {}^1H + 18.3 \text{ MeV}$$
$$^6Li + {}^2H \rightarrow 2{}^4He + 22.4 \text{ MeV}$$
$$^7Li + {}^1H \rightarrow 2{}^4He + 17.3 \text{ MeV}$$

四種相互作用 萬有引力作用、電磁相互作用、強相互作用和弱相互作用。

玻色子與費米子 粒子的自旋是 $\hbar$ 的整數倍的粒子，通稱為玻色子（Boson）；而自旋是 $\hbar$ 的半整數倍的粒子通稱為費米子（Fermion）。

第二章 固體物理

2.1 晶體結構和晶體繞射

空間點陣 晶體的內部結構，可以概括為由一些相同的化學質點在空間有規律地作週期性的無限分佈。這些化學質點的分佈總體稱為點陣，也稱為晶格或格子（Lattice）。點陣中的點子稱為陣點或結點，也稱晶格點或格點（Lattice point）。

基元 構成結點的具體原子、離子、分子或其他基團，都是晶體的基本結構單元，當晶體中含有數種原子時，這數種原子構成的基本結構單元稱為基元（Basis）。

布拉菲格子 結點的總體，稱為布拉菲點陣或布拉菲格子。這種格子的特點是每點周圍的情況都一樣。如果晶體由完全相同的一種原子組成，則這種原子所組成的網格也就是布拉菲格子，和結點所組成的相同。

複式格子 如果晶體的基元中包含兩種或兩種以上的原子，則每個基元中，相應的同種原子各自構成和結點相同的網格，稱為子晶格（Sublattice），它們相對位移而形成所謂複式格子。顯然，複式格子是由於若干相同結構的子晶格相互位移套構而成。

簡立方格子 如果一個平面內，規則排列的原子球呈現如圖 2-1 所

示的簡單形式,然後把這樣的原子層疊起來,各層的球完全對應,就形成了簡立方晶格,其中圖 2-2 為一個最小重複單元。

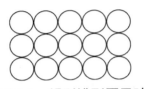

圖 2-1　規則排列原子球

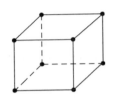

圖 2-2　簡立方結構

　　體心立方格子　　如果在簡立方結構的每一個立方的中心,還有一個原子排列著,這樣的結構稱為體心立方結構,如圖 2-3 所示。α-鐵,δ-鐵,鉻,鉬,鎢,釩,鋰,鈉等金屬都具有體心立方晶格結構。

　　氯化鈉型結構　　氯化鈉晶格是由鈉離子和氯離子相間排列構成的。其中每一種離子都構成面心立方格子,因此氯化鈉晶格是由兩種面心立方格子沿立方邊平移 1/2 長度套構起來的複式格子,如圖 2-4 所示。

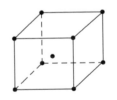

圖 2-3　體心立方結構

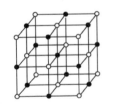

圖 2-4　氯化鈉結構

　　立方硫化鋅結構(閃鋅礦結構)　　在這種結構中,鋅和硫原子各自構成面心立方格子,兩種面心立方格子沿體對角線相對平移 1/4 長度,就套構成閃鋅礦結構。這種結構是與金剛石結構相似的複式格子。

密堆積 如果晶體由全同的一種粒子組成，而粒子被看作小圓球，則這些全同的小圓球最緊密的堆積稱為密堆積，密堆積所對應的配位元數，就是晶體結構中最大的配位元數。密堆積有六角密積和體心立方密積。

六角密積 在堆積時，如果第二層密排面上的原子球的球心對準前一層的球隙，第三層的原子球心對準第二層的球隙並和第一層的球心對準。第四層就重複地在第二層的上面。每兩層為一組，不斷地堆積下去。在層的垂直方向是對稱性為 6 的軸，如圖 2-5(a)所示。這個垂直方向的軸就是六角晶系中的 c 軸，這樣得到的堆積，稱為六角密積，如圖 2-6(a)所示。在實際晶體中，鈹、鎂、鋅、鎘等的晶體就屬此類型。

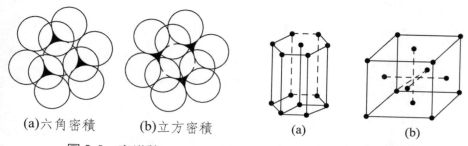

(a)六角密積　　(b)立方密積　　　(a)　　　　　(b)

圖 2-5　密堆積　　圖 2-6　六角密排和立方密排結構示意圖

立方密積 這種堆積是把第三層的球放在第二層的 3 個相同的間隙內，但和六角密積不同。第三層的球是放在第二層的其他三個沒有被第一層佔據的空隙上面，所以第三層的球不在第一層球的頂上，如圖 2-5(b)所示，而第四層的球則在第一層球的頂上。如此，每三層為一組，繼

續不斷地堆積下去，形成面心立方結構，這種堆積就稱為立方密積。層的垂直方向是對稱性為 3 的軸，見圖 2-6(b)所示，它也就是立方體的空間對角線。實際晶體中，銅、銀、金、鋁等的晶格屬於此類。

配位數　通常被用來描述晶體中粒子排列的緊密程度，即一個粒子周圍的最近鄰粒子數，這個數稱為配位數。晶體在密堆積的情況下其配位數最大，例如，六角密排和立方密排結構，每個原子球都和 12 個原子球相鄰相切，最大配位數為 12。

晶胞　由於晶格具有週期性，可以在晶格中取一個以格點為頂點、邊長等於該方向的週期的平行六面體作為重複單元，用以概括晶格的特徵，這樣的重複單元，稱為晶胞。

固體物理學原胞　在固體物理學中，通常只要求反映晶格的週期性的特徵，晶胞可以取最小的重複單元，這樣選取的晶胞，稱為固體物理學原胞，或原胞。其特點是：結點只在平行六面體的頂點上，內部和麵上皆不含任何結點；對於布拉菲格子，每個原胞中只含有一個原子，對於複式格子，每個原胞平均含有的原子數等於基元中的原子數。

結晶學原胞　在結晶學上，除要反映晶格週期性外，同時還要反映對稱性，為此，常取最小重複單元的幾倍作為原胞，這樣所取得的晶胞就稱為結晶學原胞，又簡稱晶胞。其特點是：結點不僅可以在晶胞頂角上，也可以在體心和面心上。

基向量　當晶格的重複單元的平行六面體為晶胞時，其三邊的取向和長度，稱為基本平移向量，簡稱基向量。對固體物理學原胞常用a_1, a_2, a_3 表示，如圖 2-7 所示。

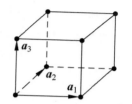

圖 2-7　簡立方原胞基向量

晶軸　結晶學原胞基向量的晶向就稱為晶軸（Crystal axis）。

晶格常數　結晶學原胞在晶軸上的週期，稱為晶格常數，也稱為點陣常數。

晶體的對稱性　晶體的對稱性是指晶體經過某些特定的操作之後，能回復到原狀的特性。這些特定的操作稱為對稱性操作。這些操作所造成的變換為線性變換。

基本對稱操作　如果晶體經過某一固定軸旋轉 $\theta = 2\pi/n$ 角度後，能自身重合的操作，稱為旋轉的基本對稱操作。由於晶格週期性的限制，n 只能取 1、2、3、4、6 度軸，不能取 5 或 6 度以上的軸。若再經過中心反演對稱操作，鏡像反映對稱操作和 4 度旋轉反演對稱操作。而把旋轉軸（旋轉反演軸）、反映面和反演中心稱為晶體的對稱素。因而晶體只有 8 種獨立的點對稱操作，即 1, 2, 3, 4, 6, i, m 和 $\overline{4}$。它們的組合可以得到 32 種不包括平移的宏觀對稱類型。

點群　由點對稱操作所構成的群被稱為點群。從宏觀上看，晶體是有限的，而有限的物體對稱群不能包含平移操作，所以描述晶體宏觀性質的對稱群是點群，晶體共有 32 個點群。如表 2-1 所示。

表 2-1　晶體的 32 種宏觀對稱類型

符號	符號的意義	對稱類型	數目
C_n	具有 n 度旋轉對稱軸	c_1, c_2, c_3, c_4, c_6	5
C_i	對稱心（i）	$c_i\ (=s_2)$	1
C_s	對稱面（m）	C_s	1
C_{nh}	h 代表除 n 度軸外還有與軸垂直的水準對稱面	$C_{2h}, C_{3h}, C_{4h}, C_{6h}$	4
C_{nV}	V 代表除 n 度軸外還有通過該軸的鉛垂對稱面	$C_{2V}, C_{3V}, C_{4V}, C_{6V}$	4
D_n	具有 n 度旋轉軸及 n 個與之垂直的 2 度旋轉軸	D_2, D_3, D_4, D_6	4
D_{nh}	h 的意義與前相同	$D_{2h}, D_{3h}, D_{4h}, D_{6h}$	4
D_{nd}	d 表示還有一個平分兩個 2 度軸間夾角的對稱面	D_{2d}, D_{3d}	2
S_n	經 n 度旋轉後，再經垂直該軸的平面的鏡像	$C_{2i}\ (=S_6), C_{3i}\ (=S_3)$，$C_{4i}\ (=S_4)$	2
T	代表有四個 3 度旋轉軸和三個 2 度軸（正四面體的旋轉對稱性）	T	1
T_h	h 的意義與前相同	T_h	1
T_d	d 的意義與前相同	T_d	1
O	代表三個互相垂直的 4 度旋轉軸及六個 2 度、四個 3 度的轉軸（立方體的旋轉對稱性）	O	1
O_h	h 的意義與前相同	O_h	1
總共			32

晶系和 14 種布拉菲格子（Bravais lattices） 按照晶體的宏觀對稱性和結晶學原胞的基向量所構成座標系的性質，晶系可劃分為七大晶系。每一晶系中包括一種或數種特徵性的點陣，共有 14 種，即有 14 種布拉菲格子，如圖 2-8 所示。

晶列 布拉菲格子的格點可以看成分列在一系列相互平行的直線上，而無遺漏，這樣的直線系，稱為晶列。同一格子可以形成方位不同的晶列，晶列的取向稱為晶向。

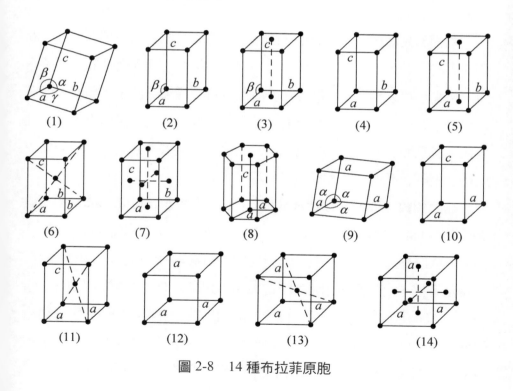

圖 2-8 14 種布拉菲原胞

晶向指數 一組能表示晶列方向的整數，稱為晶向指數。晶向指數可根據晶列上格點的週期性，用以下方法來標示。取晶列直線上一格點為座標圓點，該晶列上另一格點相對該點的位置向量為

$$R_l = l_1 a_1 + l_2 a_2 + l_3 a_3$$

其中l_1, l_2, l_3記為$[l_1 l_2 l_3]$，即為該晶列的晶向指數，又稱為晶列指數。遇到負數，負號記在數的上方。

晶面和晶面族 布拉菲格子的格點，可以看成分列在相互平行、間距相等的平面系上，而無遺漏，這些包含格點的平面稱為晶面。通過任意一格點，可以作全同的晶面和一晶面平行，構成一族平行晶面，所有的格點都在一族平行的晶面上而無遺漏。這樣一族晶面不僅平行，而且等距，各晶面上格點分佈情況相同。晶格中有無限多族的平行晶面構成的總體就稱為晶面族，如圖 2-9 所示。

晶面指數（Indices of crystal face）**和米勒指數**（Miller index） 能夠標示晶面取向的一組整數就稱為晶面指數。習慣上，以結晶學原胞基向量構成座標系，並分別取三個方向的基向量絕對值的大小為座標的自然長度單位，把晶面在相應軸上的截距取倒數，化為互質的整數 h_1, h_2, h_3，記為($h_1 h_2 h_3$)，這就是該晶面族的晶面指數。實際工作中，常以結晶學原胞的基向量 a、b、c 為座標軸來表示面指數。在這樣的座標系中，表徵晶面取向的互質整數稱為晶面族的米勒指數，用(hkl)表示。

晶面有理指數定律 在以基向量的絕對值為自然的長度單位時，任

一晶面在基向量構成的座標系軸上的截距，必是一組有理數，其倒數總可以化為簡單的整數比，這一規律稱為有理指數定律。

倒晶格　在晶體中，作任意族晶面 ABC，晶面間距為 d，選某一格點 O 為座標原點，從 O 點向此族晶面做垂線，截取一段 $OP=\rho$，使得 $\rho d=2\pi$。同樣可以對其他族晶面定出這樣的 P 點，分別以 OP 作為該方向的週期，將 P 平移，就得出一個新的晶格，便稱為倒晶格（Reciprocal lattice），如圖 2-10 所示。相應於原來的晶格稱為正格子。

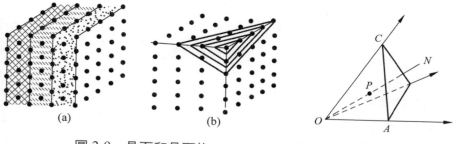

圖 2-9　晶面和晶面族　　　圖 2-10　倒晶格示意圖

倒晶格基向量　如果以正格基向量 $\boldsymbol{a}_1, \boldsymbol{a}_2, \boldsymbol{a}_3$ 構成的座標面 a_1a_2, a_2a_3, a_3a_1 所對應的晶面族做垂線，對 a_1a_2 面的垂線截取 OP 為 $b_3=\dfrac{2\pi}{d_3}$，對 a_2a_3 面有 $b_1=\dfrac{2\pi}{d_1}$，對 a_3a_1 面有 $b_2=\dfrac{2\pi}{d_2}$，其中 d_1, d_2, d_3 為相應晶面族的面間距。這樣得到的 $\boldsymbol{b}_1, \boldsymbol{b}_2, \boldsymbol{b}_3$ 就取為倒晶格的基向量，如圖 2-11 所示。倒晶格的基向量 $\boldsymbol{b}_1, \boldsymbol{b}_2, \boldsymbol{b}_3$ 與正格子的基向量 $\boldsymbol{a}_1, \boldsymbol{a}_2, \boldsymbol{a}_3$ 的關係為

$$b_1 = \frac{2\pi \, [a_2 \times a_3]}{\Omega} \; , \; b_2 = \frac{2\pi \, [a_3 \times a_1]}{\Omega} \; , \; b_3 = \frac{2\pi \, [a_1 \times a_2]}{\Omega}$$

式中，$\Omega = a_1 \cdot (a_2 \times a_3)$ 為正格原胞的體積。

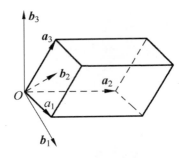

圖 2-11　倒晶格基向量

　　倒晶格向量　在倒晶格中，選某一格點為原點，自原點到其他格點的位置向量，稱為倒晶格向量，即 $K_h = h_1 b_1 + h_2 b_2 + h_3 b_3$。式中 h_1、h_2、h_3 為整數。倒晶格線度的單位因次式為 $[\mathrm{m}]^{-1}$，而波向量的單位因次式也為 $[\mathrm{m}]^{-1}$，因此，可把倒晶格向量理解為波向量，倒晶格所組成的空間可理解為狀態空間，而正格子所組成的空間是位置空間或正格空間。

　　布里元區（Brillouin zone）　在倒晶格空間中，以某個倒晶格點為中心，作其最近鄰的倒晶格向量的中垂面，這些面所圍成的最小空間區域，體積等於倒格原胞的體積，就稱為第一布里元區，也稱簡約布里元區（Reduced Brillouin zone）。由第一布里元區邊界與次鄰近倒晶格向量中垂面所圍成的另一最小體積，稱為第二布里元區，如此可得到第三、第四、……布里元區。

原子散射因子（Atomic scattering factor） 原子內所有電子的散射波的振幅大小與一個電子的散射波的振幅之比，即

$$f(s) = \int_V \rho\,(r)\mathrm{e}^{2\pi\frac{s\cdot r}{\lambda}}\mathrm{d}V$$

$\rho\,(r)\,\mathrm{d}V$是電子在P點附近體積元 $\mathrm{d}V$內的機率。

幾何結構因子（Structure factors） 原胞內所有原子的散射波，在所考慮的方向上的振幅與一個電子的散射波的振幅之比，即

$$F\,(s) = \sum_j f_j\,\mathrm{e}^{\mathrm{i}\frac{2\pi}{\lambda}s\cdot R_j}$$

式中，$s = S - S_0$，f_j 表示原胞中第j原子的散射因子。

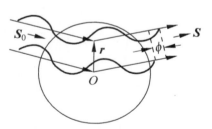

圖 2-12　原子中各部分電子雲的散射波之間的相位差

2.2 晶體的結合

晶體的結合能 從能量的角度來看，一塊晶體處於穩定狀態時，它的總能量（動能和位能）比組成這晶體的 N 個原子在自由（這裡自由的含義是指各個原子都可以看作為獨立的粒子。原子之間的距離足夠大，以至它們間的相互作用可以忽略，就可把原子看作自由粒子）時的總能量低，兩者之差就被定義為晶體的結合能

$$E_b = E_N - E_0$$

由於結合力有排斥和吸引兩部分，結合能也有排斥和吸引兩部分，並與距離 r 有關，即

$$E_b = \Sigma u\,(r) \text{，而} u\,(r) = -\frac{A}{r^m} + \frac{B}{r^n}$$

式中，A, B, m, n 皆為大於 0 的常數，其數值隨晶體種類而定。E_0 為晶體的總能量，E_N 為組成這種晶體的 N 個原子在自由時的總能量。

晶體的結合類型 原子在結合時其間距只有幾個埃的數量級，當它們結合成晶體時，由於結合力的形式不同，可以概括為離子鍵結合、共價鍵結合、金屬鍵結合、凡得瓦鍵結合和氫鍵結合五種不同的基本形

式。實際晶體的結合，就是以這五種基本形式為基礎，但是，也可以兼有幾種結合形式同時存在，由於不同結合形式之間存在一定的聯繫，從而具有兩種結合之間的一些過渡性質。

離子鍵結合　當電離能較小的金屬原子與電子親和能較大的非金屬原子相互接近時，前者容易放出最外層的電子而成為正離子，後者容易接收前者放出的電子而變成負離子，出現正、負離子間的庫侖作用，從而結合在一起。另一方面，由於異性離子相互接近，其滿殼層的電子雲交疊而出現斥力，當兩種作用相抵消，達到平衡。這樣結合成的晶體，稱為離子晶體。異性離子間的相互作用力，稱為離子鍵。

離子晶體的特點是：結合較穩定，導電性能差，熔點高，硬度大，膨脹係數小。

共價鍵結合　對電子束縛能力相同或相近的兩個原子（如元素週期表中第IV族元素 C, Si, Ge, Sn），當它們彼此靠近時，往往是相鄰的兩個原子各出一個電子相互共用，從而在最外層形成共用的封閉電子殼層，這樣的原子結合就稱為共價鍵。以共價結合而成的晶體，稱為共價鍵晶體。

共價鍵的特點是：熔點高，硬度大，低溫導電性能差等。

金屬鍵結合　對於第 I 族、第 II 族元素及過渡元素，由於它們的最外層電子一般為 1～2 個。當它們組成晶體時每個原子的最外層電子都不再屬於某一個原子，而為所有原子所共有，因此可以認為在結合成金屬晶體時，失去了最外層（價）電子的原子實「沉浸」在由價電子組成的「電子雲」中，於是共有化電子形成的負電子雲和浸在負電子雲中的

帶正電的原子實之間出現了庫侖作用，原子排列越緊密，位能越低，從而把原子聚合在一起。這樣的結合，稱為金屬鍵結合。形成的晶體就稱為金屬鍵晶體。

金屬晶體的特點是：原子排列緊密，結構多為立方密排和六角密排，配位數為 12，少數為體心立方結構，配位元數為 8；金屬晶體具有導電、導熱性能好、金屬光澤和較大的延展性。

分子鍵結合　對原來就具有穩定電子結構的分子，例如，惰性氣體分子，組成它們的惰性元素最外層有 8 個電子，具有球對稱的穩定封閉結構。但在某一暫態由於正、負電中心不重合而使原子呈現出暫態偶極矩，這就會使其他原子也產生感應偶極矩。非極性分子晶體就是依靠這個暫態偶極矩的相互作用而結合的，這種結合力就稱為分子力或稱凡得瓦力。形成的晶體稱為分子晶體。

分子晶體的特點是：結合能小，熔點低，硬度小，透明性好，電離能高，絕緣性好。

氫鍵結合　由於氫原子的特殊情況，有些氫化合物晶體中呈現獨特的結構，即氫原子可以同時和兩個負電性很大而原子半徑較小的原子（O、F、N等）相結合。這種特殊結合稱為氫鍵。形成的晶體稱為氫鍵晶體。例如，冰（H_2O）就是一種氫鍵晶體，如圖 2-13 所示，氫原子不但與一個氧原子結合成共價鍵 O—H，而且還和另一個氧原子相結合，但結合較弱，鍵較長，用 H—O 表示。氧原子本身則組成一個四面體。

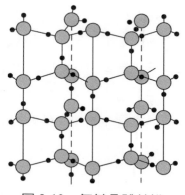

圖 2-13　　氫鍵晶體結構

原子的電負性　原子電負性是綜合表示原子對電子束縛能力強弱的量，電負性定義為

$$電負性 = k\,(I + Y)$$

式中，I 為原子電離能，Y 為原子的電子親和能，k 為任意常數，通常取 $k = 0.18$。電負性大的原子，易獲得電子而成為負離子，電負性小的原子容易失去電子而成為正離子。

2.3　固體中的電子

單電子理論　探討固體中各個電子的運動狀態，原則上，解晶體的薛丁格方程即可。但固體是由大量原子核和大量電子組成的多種粒子體

系的問題，必須將實際問題進行簡化。第一步是絕熱近似，這是由於考慮到 M（原子實質量）$\gg m$（電子質量），$v_{離子實} \ll v_{電子}$ 的原因。在討論電子問題時，可認為原子核是固定在暫態位置上，從而把多種粒子體系的問題簡化成多電子問題；第二步，把電子看作在離子位能場和其他電子的平均位能中運動，把多電子問題簡化為單電子問題；第三步，再把所有離子位能場和其他電子的平均位能場簡化為週期位能場，這樣就稱為週期位能場中的單電子問題，即能帶理論就是週期位能場中的單電子理論。

能帶理論　是一個近似理論，它用單電子近似方法處理晶體中電子能譜的理論，故稱為能帶理論，簡稱能帶論。由能帶論得到的晶體中電子的許可能級，是由一定能量範圍內准連續分佈的能級組成的能帶。而能帶論的提出，為闡明許多晶體的物理性質提供了基礎，是固體電子理論的重要組成部分。

緊束縛近似（Tight-binding approximation）　設想晶體是由相互作用較弱的原子組成，其週期性位能場隨空間起伏較大。電子在某一個原子附近時主要受到該原子場的作用，其他原子場的作用可以看成一個微擾作用。這樣，每個原子附近電子的行為都同孤立原子中電子的行為相似，因此，可以以孤立原子的狀態作為零級近似，這種近似方法稱為緊束縛近似法。由這個模型出發，在只考慮近鄰原子的影響時，便可得到晶體中電子能級為

$$E_s(k) = E_s^{at} + C_s - J \sum_{\substack{n \neq 0}}^{近鄰} e^{i\mathbf{k} \cdot \mathbf{R}_n}$$

式中，E_s^{at} 為原子能級，$\boldsymbol{R}_n$ 為近鄰位置向量。

有效質量 並非是電子的真實質量，引入它是為了反應晶體場對電子的影響，在描述晶體中電子的運動時可將其看作自由電子，忽略晶體場對它的作用，其有效質量代替了電子的真實質量，這種質量就稱為有效質量，其運算式為

$$m^* = \frac{f}{a} = \frac{\hbar^2}{\dfrac{d^2E(k)}{dk^2}} = \frac{1}{\hbar^2} \begin{vmatrix} \dfrac{\partial^2 E}{\partial^2 k_x^2} & \dfrac{\partial^2 E}{\partial k_x \, \partial k_y} & \dfrac{\partial^2 E}{\partial k_x \, \partial k_z} \\ \dfrac{\partial^2 E}{\partial k_y \, \partial k_x} & \dfrac{\partial^2 E}{\partial^2 k_y^2} & \dfrac{\partial^2 E}{\partial k_y \, \partial k_z} \\ \dfrac{\partial^2 E}{\partial k_z \, \partial k_x} & \dfrac{\partial^2 E}{\partial k_z \, \partial k_y} & \dfrac{\partial^2 E}{\partial^2 \partial k_z^2} \end{vmatrix}$$

有效質量是一個二階張量，是狀態 k 的函數，它不僅可以取正值，還可以取負值。例如，在能帶底附近，等效質量總是取正值，而在能帶頂端附近，則有效質量為負值。

能帶 按單電子近似理論求出晶體中電子的許可能態，不再是分離的能級，而是準連續分佈的能帶。一般來說，晶體中電子的各個能帶同孤立原子的相應的各能級是對應的。

禁帶（Forbidden band） 各能帶之間的能量間隔（即帶隙（Band gap））稱為禁帶。

滿帶（Filled band） 如果一個能帶中的所有狀態都被電子所佔據，即整個能帶完全被電子填滿，這樣的能帶稱為滿帶。滿帶中的電子不會起導電作用。

空帶（Empty band） 與滿帶情況相反，如果一個能帶中的所有狀態都未被電子佔據，整個能帶的狀態是完全空的，這樣的能帶，稱為空帶。

價帶（Valence band） 相應於價電子所填充的能帶，稱為價帶。對金屬，價電子填充的能帶不是滿帶，對半導體，價電子填充的能帶是滿的，且是最高的填充帶。完全被電子填滿的能帶不導電。但是，對半導體而言，由於熱激發，光的照射以及摻雜等原因，價帶失去少量的電子，留下一些空狀態，稱為近滿帶，從而產生空穴導電性。

導帶（Conduction band） 未被電子填滿的能帶，在電場的作用下，由於電子的運動，能產生電流，這樣的能帶稱為導帶。

費米分佈函數（Fermi distribution function） 電子滿足包立不相容原理，為費米子（Fermion），它服從費米-狄拉克統計（Fermi-Dirac statistics），即在一定溫度 T 的熱平衡時，電子處於能量為 E 的狀態的機率為

$$f(E) = \frac{1}{e^{(E-E_F)/k_B T} + 1}$$

式中，k_B 為波茲曼常數，E_F 為費米能級。

費米能級 在體積不變的條件下，系統每增加一個電子所需的能量。在絕對零度時，其費米能為 $E_F^0 = \frac{\hbar^2}{2m}(3n\pi^2)^{2/3}$，在非絕對零度時，其費米能為

$$E_F = E_F^0 \left[1 - \frac{\pi^2}{12} \left(\frac{k_B T}{E_F^0} \right)^2 \right]$$

式中，n 為系統的電子密度，m 為電子質量。

接觸電位差（Contact potential difference） 兩塊不同的金屬 I 和 II 相接觸，或者用導線連接起來，兩塊金屬就會彼此帶電產生不同的電位能 V_I 和 V_{II}，它們的差值就稱為接觸電位差，即

$$V_I - V_{II} = \frac{1}{e} (\phi_{II} - \phi_I)$$

式中，V_I、V_{II} 分別為金屬 I 和 II 的功函數（Work function）。

2.4 晶格熱振動

晶格振動 在一定溫度下，組成晶體的原子並不是靜止不動的，而是圍繞平衡位置作微小振動，由於平衡位置是晶格格點，所以稱為晶格振動。

晶格波 晶格振動是晶體中諸原子（或離子）集體地在作振動，由於晶體內原子間有相互作用，晶格中各個原子間的振動相互間都存在著固定的相位關係，從而產生各種模式的波。在簡諧近似（Harmonic approximation）下，即在晶格中存在著角頻率為ω的平面波，這種波稱為

晶格波,如圖 2-14 所示。

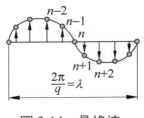

圖 2-14　晶格波

聲子（Phonon）　晶體內諸原子圍繞其平衡位置的振動,從而在晶體內形成了各種模式的波,由於受晶體週期性邊界條件的影響,對於這些獨立而又分立的振動模式,可用一系列獨立的簡諧振子來描述。和光子的情形相似,這些諧振子的能量量子 $\hbar\omega$ 稱為聲子,其中 ω 是振動模式的角頻率。

色散關係　晶格振動的角頻率 ω 隨波向量 q 的變化就稱為色散關係（Dispersion relation）,或稱振動頻譜（Vibration spectrum）,如圖 2-15 所示。

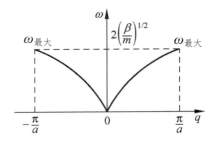

圖 2-15　一維布拉菲格子振動的頻譜

對於同種原子組成的一維布拉菲格子，其 ω 隨波向量 q 的變化關係為

$$\omega = 2\left(\frac{\beta}{m}\right)^{\frac{1}{2}}\left|\sin\left(\frac{qa}{2}\right)\right|$$

聲學波和光學波　設晶體由 N 個原胞，每個原胞內有 n 個原子所組成的複式格子，由於格點的運動，在晶體中共產生 $3nN$ 種色散關係，又稱 $3nN$ 晶格波（Lattice wave）。其中 $3N$ 為聲學波（Acoustic mode wave），其能量較低，是由於原胞振動產生的，如圖 2-16 所示；$3(n-1)N$ 為光學波（Optic mode wave），其能量較高，是由於同一原胞內原子的相對運動產生的，如圖 2-17 所示。

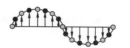

圖 2-16　聲學波示意圖

圖 2-17　光學波示意圖

杜龍-柏蒂定律（Dulong-Petit law）　是經典的比熱定律，該定律認為：比熱是一個與溫度無關的常數，每莫耳原子的比熱為 $C_V = 3N_0 k_B$。其中 N_0 為 1 莫耳原子的原子數，k_B 為波茲曼常數，3 為每個原子的自由度數。在高溫時，這條定律與實驗符合得很好，但在低溫時，實驗指出絕緣體的比熱按 T^3 趨於零，對導體來說，比熱按 T 趨於零，這表明在低溫下，能量均分的經典理論不再適用，而必須使用晶格振動的量。

愛因斯坦比熱模型（Einstein specific heat model） 這個模型是愛因斯坦在 1907 年提出的，他把格點上的原子看成獨立振動的諧振子，晶體中的每個原子都以相同的頻率振動。所以晶體的平均能量為

$$\overline{E} = 3N\frac{\hbar\omega}{e^{\hbar\omega/k_B T} - 1}$$

由此得到晶體的比熱為

$$C_V = \frac{d\overline{E}}{dT} = 3Nk_B\left(\frac{\theta_E}{T}\right)^2 \frac{e^{\theta_E/T}}{(e^{\theta_E/T} - 1)^2}$$

式中，θ_E 為愛因斯坦溫度（Einsten temperature），且 $\hbar\omega = k_B\theta_E$。

由愛因斯坦模型得出的晶體比熱在較大溫度範圍內與實驗結果都吻合很好，但是在低溫下出現了較大誤差。其原因是模型太簡單，忽略了原子間振動的相互關聯。

德拜比熱模型（Debye specific heat model） 這個模型是德拜在 1912 年提出的，他考慮了晶體中原子之間的相互作用，把晶格看作為各向同性的連續介質，晶格波視為彈性波（Elastic wave），並假定縱波和橫波都具有相同的速度。由此得到在極低溫度下，比熱與溫度 T 的關係為

$$C_V = \frac{12\pi^4 Nk_B}{5}\left(\frac{T}{\theta_D}\right)^3$$

式中，N 為晶體的原子數，$\theta_D = \dfrac{\hbar\omega_m}{k_B}$（$\omega_m$ 為最大角頻率）稱為德拜溫度（Debye temperature）。

由德拜模型得出的晶體比熱，不但在高溫下與實驗結果吻合很好，而且在極低溫度下也與實驗得出的結果相吻合。

晶格的自由能　晶格的能量包括兩部分，靜止能量和振動能量。對於 N 個原子組成的晶體，可表示為

$$E_n = U + \sum_{i=1}^{3N}\left(n_i + \frac{1}{2}\right)\hbar\omega_i$$

式中，ω_i 為格波的角頻率。上式的第一項 U 為 $T = 0\,K$ 時晶格的結合能，即靜止能量，第二項為 $T \neq 0$ 時晶格振動的總能量。由此可以看出：晶格的自由能由兩部分組成，一部分 $F_1 = U$，只與晶格體積有關，與溫度無關。另一部分 F_2 和晶格振動有關。略去晶格波之間的相互作用，則得到晶格的自由能為

$$F = U(V) + \sum_I \left[\frac{1}{2}\hbar\omega_i + k_B T \ln(1 - e^{-\hbar\omega_i/k_B T})\right]$$

量	符號	2006 年最佳值	相對標準不確定度
真空中的光速	c	$2.99792458 \times 10^8 \, \text{m/s}$	準確
萬有引力常數	G	$6.67428 \times 10^{-11} \, \text{m}^3/(\text{kg} \cdot \text{s}^2)$	1.0×10^{-4}
電子電荷	e	$1.602176487 \times 10^{-19} \, \text{C}$	2.5×10^{-8}
普朗克常數	h	$6.62606896 \times 10^{-34} \, \text{J} \cdot \text{s}$	5.0×10^{-8}
亞佛加厥常數 (Avogadro constant)	N_A	$6.022141179 \times 10^{23} \, \text{mol}^{-1}$	5.0×10^{-8}
法拉第常數 (Faraday constant)	$F = N_A e_0$	$9.64853399 \times 10^4 \, \text{C/mol}$	2.5×10^{-8}
電子質量	m_e	$9.10938215 \times 10^{-31} \, \text{kg}$ $0.510998910 \, \text{MeV}$	5.0×10^{-8} 2.5×10^{-8}
芮得柏常數 (Rydberg constant)	$R_H = m_e c \alpha^2 / 2h$	$1.09677576 \times 10^7 \, \text{m}^{-1}$	6.6×10^{-12}
精細結構常數 (Fine structure constant)	$\alpha = e_0^2 / 4\pi\varepsilon_0 hc$ α^{-1}	$7.2973525376 \times 10^{-3}$ 137.035999679	6.8×10^{-10} 6.8×10^{-10}
電子半徑	$r_e = h\alpha/m_e c$	$2.8179402894 \times 10^{-15} \, \text{m}$	2.1×10^{-9}
康普頓波長 (Compton wavelength)	$\lambda_C = h/m_0 c$	$2.4263102175 \times 10^{-12} \, \text{m}$	1.4×10^{-9}
波耳半徑	$a_0 = r_e \alpha^{-2}$	$5.2917720859 \times 10^{-11} \, \text{m}$	6.8×10^{-10}
原子質量單位	u	$1.660538782 \times 10^{-27} \, \text{kg}$	5.0×10^{-8}
質子質量	m_p	$1.672621637 \times 10^{-27} \, \text{kg}$	5.0×10^{-8}
中子質量	m_n	$1.674927211 \times 10^{-27} \, \text{kg}$ $939.565346 \, \text{MeV}$	5.0×10^{-8} 2.5×10^{-8}
磁通量子 (fluxon)	$\Phi_0 = h/2e_0$	$2.067833667 \times 10^{-15} \, \text{Wb}$	2.5×10^{-8}
電子荷質比	$-e_0/m_e$	$-1.758820150 \times 10^{11} \, \text{C/kg}$	2.5×10^{-8}
波耳磁子 (Bohr magneton)	$\mu_B = e_0\hbar/2m_e$	$9.27400915 \times 10^{-24} \, \text{J/T}$	2.5×10^{-8}
電子磁矩	μ_e	$9.28476377 \times 10^{-24} \, \text{J/T}$	2.5×10^{-8}
核磁子 (Nuclear magneton)	$\mu_N = e_0\hbar/2m_p$	$5.05078324 \times 10^{-27} \, \text{J/T}$	2.5×10^{-8}

量	符號	2006 年最佳值	相對標準不確定度
質子磁矩	μ_p	$1.410606662 \times 10^{-26}\,\text{J/T}$	2.5×10^{-8}
氣體常數	R	$8.314472\,\text{J/(mol} \cdot \text{K)}$	1.7×10^{-6}
波茲曼常數	$k_B = R/N_A$	$1.380658 \times 10^{-23}\,\text{J/K}$	8.5
斯特藩-波茲曼常數	$\sigma = \pi^2 k_B^4 / 60\hbar^3 c^2$	$5.67051 \times 10^{-8}\,\text{W/(m}^2 \cdot \text{K}^4)$	7.0×10^{-6}
維因常數	$b = \lambda_{\max} T$	$2.8977685 \times 10^{-3}\,\text{m} \cdot \text{K}$	1.7×10^{-6}
真空磁導率	μ_0	$4\pi \times 10^{-7}\,\text{N/A}^2$	準確
真空介電常數	$\varepsilon_0 = (\mu_0 c^2)^{-1}$	$8.854187817\cdots \times 10^{-12}\,\text{F/m}$	準確

參考文獻

陳萬鵬。大學物理手冊。濟南：山東科學技術出版社，1985

姚啟鈞。光學教程（第二版）。北京：高等教育出版社，1988

趙凱華，鐘錫華。光學（第二版）。北京：北京大學出版社，1992

陳守洙，江之永。普通物理學（第五版）。北京：高等教育出版社，1998

張三慧。大學物理學（第二版）。北京：清華大學出版社，2000

Horst Stocker 編，吳錫真，李祝霞，陳師平譯。物理手冊。北京：北京大學出版社，2004

呂金鐘。大學物理簡明教程。北京：清華大學出版社，2006

國家圖書館出版品預行編目資料

大學物理手冊 / 趙長春, 鄭志遠, 邢傑著.
-- 初版. -- 臺北市 ： 五南, 2012.05
　面；　公分
ISBN 978-957-11-6653-7(平裝)
1.物理學
330　　　　　　　　　101006849

5BF5

大學物理手冊
Handbook of college physics

作　　　者 － 趙長春 鄭志遠 邢傑
校　　　閱 － 倪澤恩
發 行 人 － 楊榮川
總 編 輯 － 王翠華
主　　　編 － 王正華
責任編輯 － 楊景涵

出 版 者 － 五南圖書出版股份有限公司
地　　　址：106 台北市大安區和平東路二段 339 號 4 樓
電　　　話：(02)2705-5066 傳真：(02)2706-6100
網　　　址：http://www.wunan.com.tw
電子郵件：wunan@wunan.com.tw
劃撥帳號：01068953
戶　　　名：五南圖書出版股份有限公司
台中市駐區辦公室 / 台中市中區中山路 6 號
電　　　話：(04)2223-0891 傳真：(04)2223-3549
高雄市駐區辦公室 / 高雄市新興區中山一路 290 號
電　　　話：(07)2358-702 傳真：(07)2350-236
法律顧問　元貞聯合法律事務所　張澤平律師
出版日期　2012 年 5 月初版一刷
定　　　價　新臺幣 320 元